视 觉 天 下　SHIJUETIANXIA

庞大的生物家族
昆 虫

《百科知识丛书》编委会 编

江西高校出版社
JIANGXI UNIVERSITIES AND COLLEGES PRESS

图书在版编目(CIP)数据

庞大的生物家族——昆虫 /《百科知识丛书》编委
会编. — 南昌：江西高校出版社，2013.10（2016.4重印）

（青少年最想知道的百科知识丛书 / 王淑萍主编）

ISBN 978-7-5493-2105-6

Ⅰ.①庞… Ⅱ.①百… Ⅲ.①昆虫－青年读物②昆虫
－少年读物 Ⅳ.①Q96-49

中国版本图书馆CIP数据核字(2013)第231138号

庞大的生物家族——昆虫

出 版 发 行	江西高校出版社
社 址	江西省南昌市洪都北大道96号
邮 政 编 码	330046
编 辑 电 话	(0791)88170528
销 售 电 话	(0791)88170198
网 址	www.juacp.com
印 刷	永清县晔盛亚胶印有限公司
照 排	膳书堂文化
经 销	各地新华书店
开 本	700mm×960mm 1/16
印 张	8
字 数	120千字
版 次	2014年11月第1版 2016年4月第2次印刷
书 号	ISBN 978-7-5493-2105-6
定 价	29.80元

赣版权登字－07－2013－523

　　早在四亿年前，地球上就有了昆虫。它们的历史比人类要早得多。在险象环生的自然界中，昆虫们一个个崭露头角，各显神通。它们扮演着各种各样、千奇百怪的角色：有翩翩起舞、美丽如仙的花蝴蝶，有辛勤劳作的蜜蜂使者，有趴在动物身上吸血的虱子，有与恐龙同时代的蟑螂，还有善于伪装的枯叶蝶、竹节虫等。昆虫的世界真可谓是卧虎藏龙、文武双全啊！这所有的一切都是大自然赋予它们的绝佳生存技巧，也正因如此，才让我们看到了一个流光溢彩、神奇诡异的昆虫世界……

　　昆虫种类很繁多，非常丰富。这个世界上到底有多少昆虫？它们是怎样生活的？它们与人类是友好的还是敌对的？它们在这个地球上创造了何种奇迹、留下了怎样的神话？

　　本书旨在引领青少年走进昆虫世界，了解昆虫世界的奥妙，把昆虫中最常见、也最有特色的鞘翅目、鳞翅目、双翅目、膜翅目等种类的昆虫介绍给大家。这些昆虫各有特点，本领大，可谓是昆虫王国里的莘莘骄子。

　　本书语言通俗易懂，生动活泼，还配有各种生动多彩的图片，是青少年认识与了解大自然界的好伙伴。让我们敞开胸怀，走进浩瀚的昆虫世界吧！

目录
Contents

Ch1 1 鞘翅目——昆虫世界里最大的家族

什么是鞘翅目昆虫 / 2

步行虫——厉害霸道的"傍不肯" / 4

金龟子——夜晚行动的小虫子 / 6

独角仙——神秘的装甲武士 / 8

萤火虫——夜幕里的天使 / 10

天牛——力大的盔甲武士 / 12

锹甲——会夹人的小昆虫 / 14

龙虱——高超的水上捕杀者 / 16

Ch2 19 鳞翅目——美丽的外表、不一样的丽影

什么是鳞翅目昆虫 / 20

金凤蝶——昆虫界里的美术家 / 22

枯叶蝶——神奇的伪装家 / 24

玉带凤蝶——漂亮的蝴蝶仙子 / 26

鸟翼蝶——朴素的美丽蝴蝶 / 28

黑脉金斑蝶——蝴蝶世界里的帝王蝶 / 30

荧光裳凤蝶——优雅的"贵妇人" / 32

菜粉蝶——植物界的小杀手 / 34

庞大的生物家族——昆虫

Ch3 双翅目——昆虫界里的坏角色
37

什么是双翅目昆虫 / 38

蚊子——动物世界里的"暮光家族" / 40

大蚊——断肢自救的"智能生物" / 42

虻——恐怖的"吸血鬼" / 44

舞虻——会跳舞的虻 / 46

食虫虻——昆虫世界中的"魔鬼" / 48

苍蝇——挥之不去的"讨厌鬼" / 50

舌蝇——让人昏睡致死 / 52

Ch4 膜翅目——蜂、蚁小世界里的大秘密
55

什么是膜翅目昆虫 / 56

蚂蚁民族大揭秘 / 58

蚂蚁——神奇的建筑专家 / 60

蜜蚁——集甜蜜美丽于一身 / 62

红火蚁——令人恐惧的害虫 / 64

蜜蜂——勤劳的采花使者 / 66

黄蜂——厉害的小家伙 / 68

Ch5 直翅目——"虫多士众"的大家庭
71

什么是直翅目昆虫 / 72

螽斯——自然界中漂亮的音乐家 / 74

蟋蟀——争强好胜的大将军 / 76

蝼蛄——隐蔽的地下害虫 / 78

蝗虫——"吃皇粮"的大害虫 / 80

金琵琶——姿态优美的鸣叫者 / 82

纺织娘——因声得名的纺织虫 / 84

目录
Contents

Ch6 87
脉翅目、螳螂目——神奇的两大家族

水蛉——会唱歌的水上仙子 / 88
草蛉——形态美丽的灭虫能手 / 90
粉蛉——自然界独树一帜的
小虫子 / 92
蚁狮——聪明的"食肉虫" / 94
斑石蛉——长相奇怪的大型昆虫 / 96
螳螂——凶猛的捕食专家 / 98

Ch7 101
其他种类的昆虫——千奇百态的昆虫大聚会

蝉——大自然的歌唱家 / 102
水黾——轻巧的水面滑行冠军 / 104
蟑螂——无处不在的"偷油婆" / 106
虱子——随处可见的寄生虫 / 108
白蚁——下雨前的土筑英雄 / 110
蜻蜓——水上产卵的小昆虫 / 112

Ch8 115
昆虫世界——我知道

古老的无虫时代 / 116
昆虫的超级进化 / 118
昆虫为何如此繁盛 / 120

第一章

鞘翅目——昆虫世界里最大的家族

　　鞘翅目为昆虫纲中最大的一个目，其种类有330000种以上，占昆虫总数的40％。此类昆虫不仅数量巨大，而且其中有很多昆虫都被我们所熟知。它们不仅以千姿百态的外貌给人以美的享受，而且还有各种奇怪独特的生活习性，更可贵的是它们中有的还具有"奇异功能"。你注意过夏日的夜晚，野地上、半空中会有闪闪发光的萤火虫，它们流星般地飞来飞去，仿佛要与点点繁星争辉吗？你知道昆虫界中力大无穷的盔甲武士是谁吗？你见过会不停叩头作揖的可爱叩头虫吗？让本章为你揭晓昆虫界的奥妙吧！

什么是鞘翅目昆虫

鞘翅目昆虫通称为甲虫，全世界已知的约有种类33万，中国已知约7000种。它是昆虫纲中乃至动物界中种类最多、分布最广的第一大目。这类昆虫具有以下特点：它们的体型大小差异很大，体壁坚硬；口器类型为咀嚼式口器；触角很多且形状多样；前胸较发达，前翅为角质硬化的鞘翅，后翅膜质；幼虫时候脚很少，少数还是无足型。

鞘翅目家族分布地

鞘翅目家族多数种类分布极广，属于世界性分布，如锹甲科的某些种类主要分布在热带地区，至温带地区种类渐少；还有个别种类的分布仅局限于特定范围，如水生的两栖甲科仅分布于中国的四川、吉林和北美的某些地区。

全变态的生物学特性

鞘翅目昆虫为全变态昆虫，但部分种类如芫菁科、步甲科、隐翅甲科、大花蚤科和豆象科等都是复变态，它们在幼虫阶段呈现多种不同的形态。

雌类昆虫多在土表、土下、洞隙中或植物上产卵。产在植物上的卵，常包围在卵鞘内；产在水中的卵，则多包于袋状的茧内，如水龟虫等。

此类昆虫的产卵方式多是以伪产卵器直接产于土内或植物上；但天牛类昆虫与众不同，它们可用上颚咬破树皮，然后把卵产在里面；又有某些象甲类昆虫可用喙先在植物上挖洞，然后再将卵产于内部。其幼虫一般为3龄或4龄，蛹在地表下，多是藏在土室内的；在植物上化的蛹多半具有茧。

这类昆虫的很多种族的成虫都具有假死性，可在受到惊扰时，迅速把脚收拢，伏在地上一动不动，或从寄主上突然坠地，装出假死状态，以求躲过敌害侵犯。有的类群还具有拟态，如某些象甲科昆虫外形看起来酷似一粒鸟粪。这些本领都使得鞘翅目昆虫可以在大自然界中很好地保护自己。

庞大的生物家族——昆虫

它们吃什么

这类昆虫不但分布广，而且它们的取食方式也多种多样：有腐食性的，如阎甲；有粪食性的，如粪金龟；有尸食性的，如葬甲；有植食性的，如各种叶甲、花金龟；有捕食性的，如步甲、虎甲和寄生性昆虫等等很多种类。

植食性种类的昆虫是农林作物的重要害虫，它们有的生活在土中危害种子、块根和幼苗；有的在蛀茎或蛀干危害林木、果树和甘蔗等经济作物，如天牛科和吉丁甲科幼虫等；还有的取食叶片，如叶甲类及多种甲虫的成虫。

捕食性甲虫中有很多是害虫的天敌，如瓢甲科的大多数种类捕食蚜虫、粉虱、介壳虫、叶蜗等害虫，步甲和虎甲能捕食多种小型昆虫，尤其是对鳞翅目幼虫有很强的捕食能力。

腐食性、粪食性和尸食性甲虫，如埋葬虫科、蜣螂科中的许多种类，可为人类清洁环境，是人类环境的"清道夫"。其中还有一些甲虫具有很高的药用价值，如应用较广的芫菁科的某些种类成虫分泌的芫菁素，具有发泡、利尿、壮阳等功用，近年来在中医学上也用于治疗某些癌症。

扩展阅读

目前所知的鞘翅目昆虫最早的化石记录见于古生代早二叠世。自中生代起，鞘翅目家族就逐渐成为昆虫纲的优势类群，关于它的起源，很多分类学家认为是来自脉翅类。在不同的地质时期有大量甲虫的化石，其中有两种化石对于研究鞘翅目的起源与演化具有重要的意义。一种是在苏联早二叠世地层中发现的一种甲虫，它属于原鞘目的一个已灭绝的科的鞘翅；另一种是在我国甘肃白垩纪地层中发现的弯脉玉门甲，它保持有若干原始特征，如多节的触角、不平行的鞘翅纵脉和脉型特征、不折的膜翅，以及膜翅翅端密集的脉纹等。

↓植食性昆虫——蟋蟀

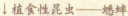

步行虫
——厉害霸道的"傍不肯"

☆门：节肢动物门
☆纲：昆虫纲
☆目：鞘翅目
☆科：步甲科

步行虫是步甲科昆虫的别名，它还有一个别名，叫"傍不肯"，意思是步行虫的旁边容不得害虫。步行虫遍布范围很广，全世界大约有2万多种。

喜欢潮湿的"步行虫"

步行虫喜欢栖息在潮湿凉爽的地区，它们的特点是腿长，所以每当受到骚扰的时候，它们就会靠它们的长腿逃跑，而不是飞走。

步行虫有闪光的黑色或者褐色的翅鞘，其中有许多种类后面的翅膀已经退化或者完全没有，其幼虫多数是肉食者，只有少数食草。

步行虫的形态特征

步行虫成虫体长只有1~60毫米，以黑色为多，部分类群色泽鲜艳，有11节触角，呈丝状。鞘翅一般隆凸，表面多有突起斑点；后翅一般较为发达，但土栖种类的后翅退化，随之而来的是左右鞘翅愈合。

步行虫的脚又多又细长，走起路来很方便，部分类群前、中足演化成适宜挖掘的特征。雌、雄腹部多为6节，少数为8节。幼虫为典型的蛃型，脚长有6节，第9腹节有1对尾叉。

↓步行虫喜欢这样的环境

庞大的生物家族——昆虫

五颜六色的小虫虫——搜索广宥步甲

这种甲虫的外表呈金属光泽般的蓝绿色，绿色或紫色的翅膀镶着红边，身上有紫蓝色、金色或者绿色的标记，它的体长约有3.5厘米。

它们和别的相关种类的步行虫一样，都是爬到树上去寻找毛虫，以食毛虫为生。它们能分泌出一种酸性的液体，这种液体会使人的皮肤起泡，十分厉害。

为了控制可恶的毛虫生长，一些国家还专门从欧洲引进一种彩虹绿搜索广宥步甲。

有趣的放屁虫——投弹步行甲虫

投弹步行甲虫也是步行虫的一种，它的肛门有一个小囊，每次受到惊吓的时候，就会喷出有毒的液体来对付敌人。有趣的是，当这种液体接触到空气以后就会气化，然后变成刺鼻的臭味，伴随着响亮的声音，便足以吓退那些胆小如鼠的小敌人。

这种会放屁的步行甲虫在美洲、亚洲和非洲都能找到。

↓一只步行虫在猎食蜗牛

金龟子
——夜晚行动的小虫子

☆ 门：节肢动物门
☆ 纲：昆虫纲
☆ 目：鞘翅目
☆ 科：金龟子科

金龟子是金龟子科昆虫的总称，全世界有超过26000种，属无脊椎动物，是一种杂食性害虫，除了危害梨、桃、李、葡萄、苹果等外，还危害柳、桑、樟等林木。金龟子在除了南极洲以外的大陆被都发现过，而且不同的种类生活在不同的环境，如沙漠、农地、森林和草地等。

完全变态的金龟子

金龟子科是鞘翅目中的一个大科，种类很多，为完全变态。金龟子的成虫体多为卵圆形或椭圆形，触角鳃叶状，由9～11组可以自由开闭的节片组成。体壳坚硬，表面光滑，多有金属光泽。前翅坚硬，后翅膜质。

成虫一般雄大雌小，危害植物的叶、花、芽及果实等地上部分。夏季交配产卵，卵多产在树根旁的土壤中。幼虫呈乳白色，体常弯曲，呈马蹄形，背上多横皱纹，尾部有刺毛，

↓金龟子

庞大的生物家族——昆虫

生活在土中。

金龟子有夜出型和日出型两种，夜出型是在夜晚取食，多有不同程度的趋光性；而日出型则在白天活动取食。老熟幼虫在地下作茧化蛹。

会装死的金龟子

金龟子有多种类型，有的种类还有装死的本事，受惊后就落地装死，一般不易被敌害发现。这样，它就可以骗过敌害，隐藏自己，以便等待时机，再次"行凶作案"。

金龟子是害虫，成虫咬食叶片成网状孔洞和缺刻，严重时仅剩主脉，群集危害时更为严重，常在傍晚至晚上十时咬食最盛。

我国常见的有黑玛绒金龟、东北大黑鳃角、铜绿丽金龟和喜在白天活动的铜罗花金等，危害大豆、花生、甜菜、小麦、粟、薯类等作物，是植物世界里的大祸害。

独角仙
——神秘的装甲武士

☆ 门：节肢动物门
☆ 纲：昆虫纲
☆ 目：鞘翅目
☆ 科：金龟子科

独角仙以其雄壮有力的一只独角而著称，因其角的顶端分叉，在中国命名为双叉犀金龟，俗称独角仙。神秘的独角仙又称兜虫，是某些地方较常见的一种大型甲壳虫。全世界具有大型犄角的独角仙有60多种，其他犄角较小或不明显的种类约有1300多种。独角仙数量的多少决定着它是好的还是坏的。

独角仙的形态

不包括头上的犄角，独角仙体长达35～60毫米，体宽18～38毫米，呈长椭圆形，脊面十分隆拱。独角仙总体呈栗褐色到深棕褐色，头部较小；10节触角，鳃片部由3节组成。

雄虫头顶有一末端双分叉的角突，前胸背板中央生一末端分叉的角突，背面比较滑亮。而雌虫体型略小，

头胸上均无角突，但头面中央隆起，横列小突3个，前胸背板前部中央有一丁字形凹沟，背面则较为粗暗。独角仙有三对强大有力的长足，末端均有一对利爪，是利于攀爬的重要武器。

独角仙是一种不同寻常的昆虫，它的外壳不仅坚硬，可以保护它的外骨骼，还可以随着外界空气变潮湿，其外壳的颜色由绿色变成黑色。

独特的生活习性

6～8月是独角仙出现的繁盛期，白天聚集在青冈栎流出树液处，在光腊树上也常可发现有聚集上百只独角仙的盛况。到了晚上，在山区有路灯的地方，都有它们的踪迹。

其幼虫常称为鸡母虫，经蛹期羽化为成虫，一年一代。因为独角仙并非保育类昆虫，又加上它的体形很大且健壮，因此常被儿童玩赏及作为昆虫教学使用。

独角仙一年发生一代，成虫通常在每年的6～8月份出现，多为夜出昼伏，并有一定的趋光性，主要采食树

庞大的生物家族——昆虫

木伤口处的汁液，或熟透的水果，对作物林木基本不造成危害。

冬眠

独角仙幼虫多栖居于树木的朽心、锯末木屑堆、肥料堆和垃圾堆，乃至草房的屋顶间，多以朽木、腐烂植物质为食。幼虫期共蜕皮2次，历经3龄，成熟幼虫体躯都很大，有鸡蛋大小，呈乳白色，通常是弯曲的，像一个"C"形。

独角仙幼虫有冬眠的习性，一般当气温下降到10℃左右时，独角仙幼虫活动减弱，摄食减少，出现冬眠征兆。随着气温的不断下降，独角仙幼虫纷纷进入冬眠，群居在混合料下层，呈休眠状态。独角仙幼虫休眠时约半年左右，到第二年气温回升到10℃以上时，再出来觅食。

独角仙除了可以观赏外，还可入药疗疾。其中药名为独角螂虫，有镇惊、破瘀止痛、攻毒及通便等功效。

↓独角仙

萤火虫

——夜幕里的天使

☆门：节肢动物门
☆纲：昆虫纲
☆目：鞘翅目
☆科：萤科

微凉夏夜，草丛边，半空中会有一些绿莹莹的、可爱的小东西飞来飞去，就像是天上的星星，又像是一群群玩耍的小朋友，在黑夜里尽情地游玩。那种美丽，总是让人流连忘返。

天使的样子

萤火虫很小，一般体长几毫米，最长的长达17毫米以上。体壁和鞘翅柔软，前胸背板较平阔，常盖住头部；头狭小，头上带有一对小齿的触角，有11节；眼半圆球形，雄性的眼比雌性的大；有三对纤细、善于爬行的脚；末端下方带有发光器，能发黄绿色光，这种发光有引诱异性的作用。

目前全世界约2000种萤火虫，分布于热带、亚热带和温带地区。

天使的住所和奇特习性

陆栖种类的萤火虫一般生活在湿度高且隐秘性佳的地方，水栖种类的萤火虫则生活在清静的水域中，成虫在幼虫栖息环境附近较空旷的地方活动。

多数种类的萤火虫由卵一直到成虫，各期都会发光，而且会发光的萤火虫大都是夜行性昆虫，夜里寻找食物，所以只在夜里发光；白天，则静静地在隐蔽的地方栖息玩耍，一般不发光。但是如果受到骚扰，它仍然会发光，一方面是阻止敌人，另一方面也是在发出警号，提醒同伴们。受到惊吓的萤火虫发光的频率和颜色都和平常不同。

萤火虫大多一年一世代，也有大约四个月一世代的种类。

天使的另一面

可爱的萤火虫装点着美丽的夏夜，是黑夜里翱翔的天使。可是，这个柔情天使的背面却是"凶猛无比"的，让我们来看一看天使的另一面吧。

萤火虫是食肉动物，捕猎方法十分"凶恶"，柔弱的外表只是用来哄骗我们的。其捕猎对象是一些蜗牛。在一些又凉又潮湿的阴暗沟渠附近或杂草丛生的地方，经常可以找到大量的蜗牛。

在开始捕捉前，萤火虫会给蜗牛打一针麻醉药，使这个小猎物失去知觉，从而使之失去防御抵抗的能力，以便它们捕捉并食用。尽管蜗牛会把自己隐蔽得很安全，可萤火虫一样进攻不误，它把身上随身携带的兵器迅速地抽出来：它的身上长有两片颚，分别弯曲，合到一起，就形成了一把钩子，一把尖利、细小，像一根毛发一样的钩子。萤火虫就是用这件兵器反复、不停地刺击蜗牛露出来的部位，直到刺死为止。

萤火虫的一生是很短暂的，但是因为有了它们发出的亮光，才使我们的夏夜变得如此美丽绚烂、多姿多彩。

↓萤火虫

天牛
——力大的盔甲武士

☆ 门：节肢动物门
☆ 纲：昆虫纲
☆ 目：鞘翅目
☆ 科：天牛科

说到力气大的动物，动物界里会有很多，但很少有人能想到小小的昆虫——天牛。天牛是叶甲总科天牛科昆虫的总称，因其力大如牛，善于在天空中飞翔，因而有了天牛这个名字。它有两只细长而向外弯曲的触角，黑白色相间，很独特，常常超过自己身体的长度。给天牛套上一根线绳，它就可以拉动玩具小木车，因此"天牛拉大车"成了有名的儿童游戏。

天牛在全世界约有种类超过20000种。下面让我们来走进天牛的世界吧！

天牛长什么样子呢？

天牛的成虫体呈长圆筒形，背部略扁；触角长在额的突起上，使得触角具有自由转动和向后覆盖于虫体背上的功能。天牛的爪一般呈单齿式，

少数还有附齿式。

除锯天牛类外，中胸背板具有发音器。幼虫体则略显肥胖，呈长圆形，略扁，少数个别体呈细长形。头横阔或长椭圆形，触角特别长，甚至比自己的身体还要长。

天牛除了善于飞翔外，还能发出"咔嚓、咔嚓"的声音，这种声音听起来很像是锯树的声音，所以天牛又被称作"锯树郎"。

长长的触角

我国南方和北方对天牛的称呼都有所不同，天牛体形的大小也有差别，最大者体长可达11厘米，而小者体长仅0.4～0.5厘米。天牛最特别的特征是它有长长的触角。华北有一种叫做长角灰天牛的，它的触角是自己身体的四五倍，普通天牛触角也有10厘米左右长。

天牛除了触角长以外，它的下巴是很强壮有力的。天牛体色大多为黑色，体上具有金属的光泽，其成虫活动地点常在林区、园林、果园等处，

庞大的生物家族——昆虫

↑天牛

飞行时由内翅扇动，鞘翅张开不动，发出"嘤嘤"的响声。

成虫寿命一般在10余天至一两个月，但是居住在蛹室内过冬的成虫寿命可达七八个月，雄虫寿命比雌虫短。成虫的活动时间与复眼小眼面的粗细有关，一般小眼面粗的，多在晚上活动，有趋光性；小眼面细的，则多在白天活动。

成虫产卵的方式与口器形式有关，一般前口式的成虫产卵是将卵直接产入粗糙树皮或裂缝中；下口式的成虫则先在树干上咬成刻槽，然后再将其卵产在刻槽内。天牛主要以幼虫蛀食，生活时间最长，对树干危害最严重。

天牛的生活习性

天牛的生活史因种类而异，有的一年完成一代或两代，有的两三年甚至四五年才能完成一代。食料的多少以及天牛所吸取植物的老幼、干湿程度，都是影响其幼虫发育的因素。一般幼虫或成虫在树干内越冬。

趣味故事

小时候，小孩子们经常会捕捉天牛来玩。天牛其实很有趣，当你抓住它时，会发出"嘎吱嘎吱"的声响，似乎企图挣脱逃命。如果用一根小绳子绑在它的腿上，任其飞翔，还能听到"嘤嘤"之声呢！

除此之外，天牛的玩法还有很多，像天牛赛跑、天牛拉车、天牛赛叫等，都是很好玩的。但是玩的时候一定不要被天牛强壮的上颚咬着手！

有一种"天牛钓鱼"的游戏，十分好玩。方法是在一盛水的盆中，置一鱼形小片，穿孔系线，另一头系在天牛角上，将天牛置于另一小木条上，浮于水面。天牛四围都是水，显然会很害怕，于是天牛频频挥动触角，就像是在钓鱼，鱼若离水，则钓鱼成功。

锹甲
——会夹人的小昆虫

☆ 门：节肢动物门
☆ 纲：昆虫纲
☆ 目：鞘翅目
☆ 科：锹甲科

锹甲是一种会夹人的昆虫，雄虫的上颚发达，形状就像牡鹿的角；但有的颚太大，反而会成为行动的累赘。许多种类的角上都有较细的分支和齿，角的长度和身体长度差不多，如果夹到人的手，就很有可能夹出血来。我国约有这类虫子150种，由于其体大、形状奇特而被大众喜爱和收藏，并作为宠物来饲养。

简单认识锹甲虫

早在1460年，锹甲就受到人类的关注。锹甲体形粗且壮，为椭圆形或卵圆形；体长15～100毫米，大型种类较多，身体呈黑色或是褐色，身上布有棕红色、黄褐色等色斑，有些具有金属光泽，没有较明亮的色彩；通常体表不被毛。其复眼不大，有10节触角，呈梳子状；前胸背板宽大于

长；它有很发达的鞘翅，往往可以遮盖到腹端。

多数锹甲喜欢生活在朽木周围，幼虫以取食朽木为主，成虫则吸食汁液。锹甲多夜间活动，具有趋光性，但也有白天活动的种类。

锹甲是一种全变态的昆虫，生命周期里包括卵、幼虫、蛹、成虫四个形态。其中幼虫可分为1龄、2龄、3龄共三个龄期。

锹甲栖息地的垂直分布由海平面一直到海拔3000米左右。锹甲的迁徙能力较弱，因此受地形的阻断，独立演化出地方型的亚种，甚至是不同品种。这种演化对一般昆虫爱好者或是标本收藏家而言，无疑提高了其玩赏的多样性。

锹甲的作战武器

锹甲是一种好斗的昆虫，是鳃角类甲虫中的一个独特类群，因其触角端部3～6节向一侧延伸而归入鳃角类，又以其触角肘状，上颚牙齿特别发达，呈鹿角状的上颚，使得它与其他种类分别

开来。这个强大的上颚便是它的作战武器了，真可谓是武装到了牙齿。

锹甲世界种类多

普氏锹甲身体黑褐色，具有金属光泽；口上片、触角和脚都是光亮的褐色；头顶是凹的，横置；上颚中部弯曲，没有牙齿，端部简单而尖锐，密布细小刻点；口片大，突出为五边形；前角尖锐，后角直；鞘翅光泽没有毛，小盾片的前方有弱小毛，腹部、中后胸腹板覆盖有一片长形的淡黄色浓密绒毛。

拟锹甲科的记录只有1属4种，是鳃角类中最小的科级类群。它们虽然个体甚少，但广布于古北、新北两大动物地理区。我国于1986年也首次记录拟锹甲的分布。拟锹甲体形中等，呈长圆筒形，下颚及下唇舌裸露，上颚没有可以动的小齿；有10节触角，

呈直形，不能收缩与并合，鳃片部由3节组成；小盾片发达；鞘翅较长，后端可盖住臀板；每个脚跗端有成对简单的爪。

扩展阅读

中华奥锹甲又叫鹿角虫，其美丽奇特的形态深得人们的喜爱。雄虫体长34～79毫米，最大的长达90毫米，雌虫体长34～48毫米。雄虫体色除鞘翅外缘呈红褐色外，均为深黑色。上颚、头、前胸背板上有细小颗粒，头呈四边形，眼侧突窄，眼后有钝刺；鞘翅光亮黑色，带美丽的红褐色边缘。雌虫除鞘翅外缘是红褐色外，均为深黑色，头宽为长的近2倍，上面凸，具强刻点；眼侧突很宽；上颚短，前胸背板有2侧刺，有细小刻点；鞘翅黑色光亮，具细刻点，有红褐色窄边缘。中华奥锹甲分布于我国广东、广西、云南、浙江等地。

↓锹甲虫

龙虱
——高超的水上捕杀者

☆门：节肢动物门
☆纲：昆虫纲
☆目：鞘翅目
☆科：龙虱科

龙虱又叫潜水甲虫或真水生甲虫，是水上的高超捕杀者。它的水上本领很高，其捕食的生物从昆虫到比自己身体还要大的鱼都有。龙虱在我国主要分布于广东、广西、海南、福建、湖南、湖北等省区。

认识龙虱

龙虱能适应水里生活环境和它的身体结构有很大关系。龙虱的后脚为扁状，而且又长，上面长有缘毛，有利于扩大表面积，从而更好地漂浮和游泳，尽显水上本领。龙虱腹背的鞘翅顶端下面有气门，这样有利于呼吸。

龙虱静止时，通常是把头倾斜于水下，举起鞘翅末端，露出气门进行呼吸。而当它准备潜水的时候，把空

气储存翅下，这样是为在水下可以呼吸做准备的。

龙虱的身体呈流线型，有些种类的雄虫前脚有吸盘。雌虫通常把卵产在水中或水生植物上，幼虫的补食量很大，俗称水虎，其上颚呈镰刀状。

幼虫取食时，通过颚内的管道往捕获物体内注入消化液，吸取已被消化了的动物组织。其方式和成虫一样，都是悬挂在水表面下，用腹部的气门呼吸。有些种类的幼虫腹部的丝状附器可以起到鳃的作用，所以不用浮出水面，就可以自然呼吸。

怎样繁衍后代

龙虱是怎样繁衍后代的呢？

长大成熟的龙虱，到了性成熟发育期，雄虫便会追赶雌龙虱，用它前脚跗节基部膨大的圆形吸盘吸附着雌虫光滑的鞘翅前部两侧，然后借力爬到雌虫的体背上进行交配。

幼虫没有贮气囊，只能靠体内气管贮存很少量的空气，所以在水中的潜伏时间不能很长，要时不时地游到

庞大的生物家族——昆虫

水面，将腹末的气管露出水面，排出废气，然后才能吸入新鲜空气。

幼虫捕到猎物时，首先从食管里吐出有毒液体，通过空心的上颚，注入猎物体内，使其麻醉，同时吐出具有强烈消化功能的液体，将猎物体内物质稀释，然后吸食经过消化的物质。所以，龙虱幼虫的取食消化方式叫做肠外消化。

龙虱的生活习性

龙虱也称水龟子，为完全变态昆虫。其成虫、幼虫都是水生生物，都生活在静水或流水中，还有的生活在卤水或温泉内。它们是肉食性昆虫，因此都是靠捕食软体动物、昆虫、蝌蚪或小鱼为食。龙虱幼虫很贪食。

龙虱在水中能游，水面外能飞。成虫具有趋光性，体形椭圆，个体大小不一。成虫的臀腺可释放苯甲酸苯、甾类物质，对鱼类和其他水生脊椎动物有显著毒性，对稻苗和麦苗也有危害。

龙虱是很凶猛的昆虫，因为其不仅吃小鱼、小虾、小蝌蚪，连体积比自己大几倍的鱼类、蛙类碰到它也会失去生命。猎物一旦被咬伤，附近的龙虱闻到血腥味就会一拥而上。

说幼虫贪食，是因为只要有食物，它们会吃到撑，在水里浮都浮不起来。但这并不影响龙虱的基本生活，在水中时间超过一小时后，它的尾部会产生一个气体交换泡，能够进行水下气体交换。

美味药用龙虱

龙虱由于数量少，因此在市场上价格很贵。龙虱价格虽贵，却深受人们的喜爱。这是因为，龙虱除了滋味鲜美外，还具有很高的药用价值。

据记载，龙虱具有滋阴补肾等功效，对治疗小儿遗尿、老年人夜尿频多以及肾气亏损、疳积等均有较好效果。

↓龙虱

第二章

鳞翅目——美丽的外表、不一样的丽影

本章将为你讲述昆虫纲中第二大目——鳞翅目。作为其中一大类的蝴蝶，是唯美自由的象征，也是重生和快乐的符号。它有华丽的外表，就像自然界中漂亮得无可替代的仙子。它那美丽的翅膀让人为之轻叹，翅膀上绚丽的花纹和色彩几乎是自然界最绚丽、最完美的作品。当然，本章还会介绍这个大家族中的其他成员，如松毛虫、地老虎等。

什么是鳞翅目昆虫

鳞翅目昆虫，全世界已知约有20万种，中国已知约8000余种。它是昆虫纲中仅次于鞘翅目的第二大目，包括蝴蝶和蛾两类。该目昆虫分布范围也极广，其中主要以热带种类最为丰富。绝大多数种类的幼虫为害各类栽培植物。成虫多以花蜜等补充营养，其口器退化过后就不再取食，一般不会造成危害。

鳞翅目家族

鳞翅目家族是危害农林害虫最多的一个目，如常见的黏虫、稻纵卷叶螟、小地老虎等。危害各类栽培植物的幼虫，根据其自身形体的大小不同，所危害的植物部位也有所不同，如体形较大的幼虫常常会吃掉一整片叶子或钻蛀枝干；而体形较小的幼虫往往会卷叶、缀叶、结鞘、吐丝结网或钻入植物组织取食为害。

到了成虫阶段，这些害虫似乎就开始"从良"了。成虫多以花蜜等补充营养，或口器退化不再取食，一般不造成直接危害。

成虫的多彩世界

成虫取食花蜜，对植物的授粉有很大的帮助。但吸果夜蛾科类的成虫能刺破果实，吸食果汁，导致落果，是柑橘、桃、李、梨等果树的重要害虫。

蝶类昆虫多白天活动，而蛾类昆虫则是在夜间活动，具有趋光性。它们平日里的活动主要就是飞翔、觅食、交配和寻找适宜的产卵场所。部分成虫具有季节性远距离迁飞的习性，如黏虫、稻纵卷叶螟等。常见的资源昆虫有家蚕、柞蚕、蓖麻蚕等，虫草蝙蝠蛾幼虫被真菌寄生而形成的冬虫夏草，是一种名贵的中草药。

扩展阅读

蛾类昆虫大都在晚上出来活动，它们在休息时，翅膀通常是张开平铺的；而蝶类多在白天活动，因此我们在白天通常可以看到五颜六色、翩翩起舞

庞大的生物家族——昆虫

的美丽蝴蝶，它们在休息的时候，翅膀通常是合起的，到了夜晚睡觉时翅膀才是平放的；蛾类通常体型较胖，而蝶类通常较瘦；蛾类幼虫在即将进入蛹期时，通常会吐丝作茧，而蝶类幼虫通常不会这样。

↓鳞翅目昆虫

金凤蝶
——昆虫界里的美术家

☆门：节肢动物门
☆纲：昆虫纲
☆目：鳞翅目
☆科：凤蝶科

金凤蝶又叫黄凤蝶、茴香凤蝶、胡萝卜凤蝶。它是一种大型蝶，双翅展开宽有8~9厘米，体态华贵，翅为金黄色，花色艳丽，在蝴蝶的世界里有"能飞的花朵"、"昆虫美术家"的雅号。具有很高的观赏和药用价值。

美丽的金凤蝶

金凤蝶的幼虫多寄生于茴香等植物上，所以又名茴香虫，危害伞形花科植物，以食叶及嫩枝为食。

成虫体长约30毫米，翅展约为76~94毫米，体为黄色，头部到腹末有一条黑色纵纹，腹部腹面有黑色细纵纹。前后翅颜色不同，前翅底色黄色，有黑色斑纹；后翅则为半黄色，翅脉黑色，外缘具有黑色宽带，宽带内有2

列不明显的蓝雾斑，臀角有一个橘红色圆斑，看起来很漂亮。

五彩缤纷的生活习性

漂亮的金凤蝶对生活环境很讲究，喜欢生活在草木繁茂、鲜花怒放、

五彩缤纷的阳光下，漂亮的金凤蝶在空中上下飞舞盘旋，左飞飞，右飞飞，自由自在，以采食花粉和花蜜为生。

金凤蝶完成一个世代需经过卵、幼虫、蛹和成虫4个阶段，交配后的雌蝴蝶，喜欢在植物的茎叶、果面或树皮缝隙等处产卵。卵在适宜的温湿度环境中即可孵化成幼虫，幼虫大多生活在植物的叶中，以植物的叶片、茎秆、花果为食。幼虫发育到5～6龄老化后，吐丝作网或作茧化蛹。

色，它本身具有很实用的药用价值。其幼虫在藏医药典中称"茴香虫"，夏季可以在茴香等伞形科植物上捕捉到这种凤蝶，以酒醉死，把它焙干研成粉，有止痛和止呃等功能。此外，这种药剂对治疗胃痛、小肠疝气和膈等也有很好的疗效。每次只需用量两三只，具有很高的药用价值。

美丽的金凤蝶用自己的美丽来诠释着昆虫世界里的美好，共同演绎着美好的人生。

第二章 鳞翅目——美丽的外表、不一样的丽影

厉害的金凤蝶

金凤蝶在医药中扮演很厉害的角

↓金凤蝶

枯叶蝶
——神奇的伪装家

☆ 门：节肢动物门
☆ 纲：昆虫纲
☆ 目：鳞翅目
☆ 科：蛱蝶科

蝴蝶家族里的成员总会让人感到无比惊艳，不管是它五颜六色的外表，还是翩翩起舞的美妙姿态，都会让人为之感叹，感叹生命的可贵，感叹大自然的奇妙。这节将要讲的就是蝴蝶家族里的另一位成员，它没有多么光艳的颜色，但是它有超强的伪装本领。枯叶蝶学名枯叶蛱蝶，是自然界中最会自然伪装的典型昆虫之一。

美丽的枯叶蝶

美丽的枯叶蝶形态美丽，翅展开约70～75毫米，体背为黑色；翅为褐色，有青绿泽，前翅中间有1条宽大的橙黄色斜带，前后翅外角尖端顶角部分尖锐，像叶尖和叶柄状；翅背面的颜色就是枯叶蝶的特别之处了，背面呈枯叶色，上面还有叶脉状的条纹。

枯叶蝶生活在大山中，飞翔速度很快，静止休息时，双翅常分开，上面显现出美丽的翅面花纹。只有在受到惊吓或是黄昏时分，它才合并双翅，收起美丽的样子，露出翅背面酷似树叶的枯叶色。遇到天敌，枯叶蝶惹不起却能躲得起。

枯叶蝶名称的由来

枯叶蝶在飞舞时，会露出和其他蝴蝶一样华丽的翅膀，翅膀背面大部为绒缎般的黑蓝色，闪亮着美丽的光泽，还点缀有几点白色的小斑；横在前翅的中部的金黄色的曲边宽斜带纹线，就像是佩上的一条绶带；前后翅的外缘，都有深褐色的波状花边作为衬底。

枯叶蝶静止时则收起翅膀，隐藏身躯，展示出翅膀的腹面，全身呈古铜色，色泽和形态都像极了一片枯叶。一条纵贯着的黑褐色纹线，就像树叶的中脉；其他的翅脉又像树叶的侧脉；翅上的几个小黑点点缀得恰到好处，就像是枯叶上的霉斑；后翅

庞大的生物家族——昆虫

的末端，则拖着一条叶柄般的"尾巴"。

这种以假乱真的枯叶，还真让天敌们一时真伪难辨，无从下手呢。"枯叶蝶"的名字便由此而来。

枯叶蝶的生存环境

枯叶蝶为我国稀有品种，数量极少。幼虫以植物为食，如马蓝和蓼科。

枯叶蝶喜欢生活在山崖峭壁，或者是葱郁的杂木林间，常选择溪流两侧的阔叶作为它的栖息地。

当太阳逐渐升起，叶面露珠消失后，枯叶蝶便会迁飞到低矮树干的伤口处，以渗出的汁液为食。一旦受到惊扰，就会迅速逃离，逃到高大树木梢或隐居不易被发现的藤蔓枝干上。

↓枯叶蝶

等到午间炎热稍退的时候，便是雄蝶追逐雌蝶寻求交配的最佳时候了。

知识链接

也许是因为大自然险恶的缘故，才让自然界中的生存者各显神通，枯叶蝶能伪装成枯叶，这大概就是它的生存之道。它的一生经历四个时期，但无一不受到天敌的攻击。

卵期常受到小蜂总科的昆虫寄生；幼虫期则会受到鸟类、步甲、土蜂、胡蜂等昆虫的追杀，其中寄蝇、茧蜂、姬蜂也常会寄生在它们体内。另外，它们还会受到细菌、真菌和病毒的感染；蛹期、成虫都受到各种各样强悍天敌的捕杀。对于那些凶狠的昆虫来说，蝴蝶是无力抵抗的，因此它们只能采取伪装的方式自救。

25

第二章 鳞翅目——美丽的外表、不一样的丽影

玉带凤蝶
——漂亮的蝴蝶仙子

☆ 门：节肢动物门
☆ 纲：昆虫纲
☆ 目：鳞翅目
☆ 科：凤蝶科

　　玉带凤蝶在整个蝴蝶家族中，是当之无愧的最美丽的一个品种。人们不但欣赏它的多彩多姿，而且对它独特的生活习性也很感兴趣。它像一个美丽的遐想，永远吸引着人们。

蝴蝶仙子的样子

　　玉带凤蝶为大型昆虫，有2对较大的翅膀，展翅宽70～90毫米；密生各色鳞片，形成多种绚丽有光泽的花斑；体被鳞片和短毛；口器特化成虹吸式口器，平时呈螺旋状卷曲，吮吸花蜜时可伸直；后翅臀区外缘波状并具有尾突，善于飞行。

　　雌蝶有两型，第一型似雄蝶，这种品种相对较少，第二型为常见型，前翅外缘无白斑，后翅正反面均具红色弦月斑；中部有4个两白两红的长形斑，全为白色者甚少。

玉带凤蝶的生态习性

　　雌雄成蝶外观差异不大，其外观近似青斑蝶类，刚接触赏蝶的人，就会搞不清楚，不过有经验的人却可以从翅上浅色斑纹来分辨。青斑蝶通常为淡青色且呈半透明状，而玉带凤蝶为不透明的灰白色。

　　玉带凤蝶分布在低海拔到中海拔山区，一年只有一世代，成虫发生期在三到五月。斑凤蝶的寄主植物为多种樟科植物，如红楠、樟树等，成虫出现后不久，就可以开始在这些植物上观察到它的幼虫。

　　幼虫以桔梗、柑橘类、双面刺、过山香、花椒、山椒等芸香科植物的叶为食，因此一直也被认为是农业生产上的害虫。不过当你看到羽化后在花间翩翩起舞的美丽身影，你肯定不会想到它对一些植物的"所作所为"。

　　由于成虫出现的时间刚好是梅雨

庞大的生物家族——昆虫

季节，户外游览的人不是很多，因此
很难被观赏到。

美丽的天堂凤蝶

讲到玉带凤蝶的美丽，这里我们
不得不提一下优雅的天堂凤蝶。天堂凤
蝶是澳大利亚的最美丽的蝴蝶，也是国
蝶。它们翅形优美而巨大，全身在黑天
鹅绒质的底色上闪烁着纯正蓝色的光
泽，它优雅的姿态令人为之倾倒，被当
地土著人认为是来自天堂的使者。

天堂凤蝶的特征是四翅内侧1/2为
纯净的大蓝色，外侧1/2为黑褐色，后
翅有黑色的尾突。

传说，18世纪欧洲探险家来到澳
大利亚，发现了这块富饶的新大陆。随
后各国殖民者陆续而来，争相抢夺这块
土地建立殖民地。1802年，英国人和法
国人也在此展开争夺。很快，法国快船
捷足先登，抢占了维多利亚州。高兴之
余，他们发现了一种珍奇的蝴蝶，于是
便都跑出去追赶。当英国人登陆时，发
现只有法国船只，没有军队和水手，于
是率先插上国旗占领了这块土地，也一
并将返回的法国人赶走了。这种珍奇的
蝴蝶便是天堂凤蝶。

↓玉带凤蝶

鸟翼蝶

——朴素的美丽蝴蝶

☆ 门：节肢动物门
☆ 纲：昆虫纲
☆ 目：鳞翅目
☆ 科：凤蝶科

鸟翼蝶是产于东南亚、澳大利亚大陆及周边群岛的一种美丽凤蝶。这种凤蝶的体形一般都较大，其名字"鸟翼"的由来就是因它们体形大，且起角的翅膀形态很像鸟类飞行的姿势。鸟翼蝶不像别的蝴蝶那样有艳丽多样的色彩，它们大部分的颜色都很朴素，但只有一种珠光凤蝶及普氏珠光凤蝶比较艳丽，而且这种颜色也不是很明显，后翅上的蓝绿虹彩只有在某些角度才可以见到。

鸟翼蝶，异样的独特美丽

鸟翼蝶有大大的身体，不要觉得它的样子大，就不可爱美丽了。其实鸟翼蝶一直以独特的美丽骄傲着，它的前翅很长，且呈矛尖形，展开双翅，就像一只飞翔的小鸟。它的后翅上没有凤尾，但并不是鸟翼蝶家族里

所有的蝴蝶都没有凤尾，像极乐鸟翼凤蝶和丝尾鸟翼凤蝶它们就有，而且只有它们有。两性异形只在鸟翼蝶属中会显得特别明显，其中雌蝶较大且颜色较为单调。

与鸟翼蝶属有亲密关系的翼凤蝶属，其家族成员长得都很相似，它们前翅多呈黑色至褐色，翅膀上布有灰色或奶白色的翅脉，这样搭配起来，就显得很别致，且别有一番情调。

该属家族内有一种会测量体温的蝴蝶，叫做菲岛裳凤蝶。它的臀脉和触角上长有感热体，且触角上还有一个湿度感受器，这两个器官的存在可以帮助它们极好地控制体温，而且在晒太阳时也可避免温度过热而伤到自己。

鸟翼蝶的极乐世界

长相美丽的鸟翼蝶喜欢生活在雨林中，在森林周边一般也可以看到长大了的成虫们。不爱露面的鸟翼蝶还是有名的传粉媒介专家呢！它们多会在冠层吃有花蜜的花朵，加上它们长长的翅膀又使得它们具有很强的飞行

庞大的生物家族——昆虫

能力，可做长程传粉媒介，有时它们也会在日光下晒晒太阳、玩耍一下。

不同种类的鸟翼蝶有不同的婚配繁殖行为，雌蝶在繁殖下一代方面，是很腼腆被动的，这往往需要雄虫蝴蝶们更加主动。

交配时，雌蝶会由一处慢慢地飞到另一处，而雄蝶则是很精巧地与雌蝶保持20～50厘米的高度飞行，准备等待时机。交配后的雌蝶会立即寻找合适的寄主植物，尤其是像马兜铃属和拟马兜铃属类的植物。雌蝶们会在叶子底面产卵，且每片叶只产一颗卵。

会喷毒的小毛虫

鸟翼蝶毛虫时期，会不断地吃食，但移动速度很缓慢，所以有时它们会吃下一整条藤。有时毛虫之间还会出现互相残杀的事件，这种现象多发生在它们因食物紧张而变得极度饥饿的时候。

毛虫的身体呈深红色或褐色，其背上长有像棘的结节，其中有一些结节上带有明显的颜色或是较为淡色的斑纹。它们的头后长有一个称为丫腺的可以自由伸缩的器官，不要小看了这个器官。它在受到骚扰、极度愤怒的时候，就会给敌人以沉重的打击。

毛虫会在敌害毫无准备的时候，分泌一种带有恶臭的萜烯化合物。这是一种有毒性的液体，大部分的掠食者会因这种毒性而急速避开它们。这种喷毒的技能是来自毛虫所吃的藤，其藤上含有一种有毒物质——马兜铃酸，毛虫吃下后会积聚在它们的身体组织内，一直会留到成虫阶段。所以不要试图侵犯它们，要不然它们会给你好看！

↓毛毛虫

黑脉金斑蝶
——蝴蝶世界里的帝王蝶

☆ 门：节肢动物门
☆ 纲：昆虫纲
☆ 目：鳞翅目
☆ 科：蛱蝶科

黑脉金斑蝶是蝴蝶世界里的"帝王蝶"，它还有一个好听的名字，叫做君主斑蝶或帝王斑蝶。它是北美地区最为常见的一种蝴蝶，也是地球上唯一的迁徙性蝴蝶。它虽没有固定的家，但是云游四海的感觉也是相当不错的。君主斑蝶的幼虫以有毒植物马利筋为食，是一种通过食毒来防身的特殊物种。

产卵。

在初夏出生的黑脉金斑蝶寿命只有不到两个月的时间，而它迁徙的时间却远远超过两个月。在夏天最后出生的一代会进入一个滞育期，可活过7个月。在滞育期阶段，黑脉金斑蝶会迁徙至一个过冬的地方。过冬的一代一般都不会繁殖，到2～3月离开的时候才会繁殖。

黑脉金斑蝶是很少会横渡大西洋的昆虫之一，在一个叫百慕大的岛屿，尤为多见。这是因为它们多以观赏性植物——乳草为食，且那里的气候又相当适宜，所以在当地出生的黑脉金斑蝶通常就会全年留在那里了。

云游四海的迁徙生活

黑脉金斑蝶有别于其他蝴蝶的一点就是，它没有固定的生活地点，它总是不停地进行迁徙。在北美洲定居的黑脉金斑蝶，通常会在8月至初霜向南迁徙，到了春天，再向北回归。在澳大利亚生活的黑脉金斑蝶，它的迁徙就是有限度的了，雌蝶会在迁徙时

黑脉金斑蝶的生命周期

黑脉金斑蝶通常会在春天离开过冬地点时进行交配，且它们的求爱过程非常简单，很少依赖信息素。大多的求爱过程可分为两个阶段：空中和地上两个阶段。

雌蝶在空中飞舞时，雄蝶会一直跟着追求、轻推，然后擒下雌蝶。它

庞大的生物家族——昆虫

量储存成脂肪及营养素，以度过不吃不喝的蛹阶段。

蛹阶段的毛虫会在树枝或树叶上吐丝，然后用最后的腹脚来吊起整个蛹。把自己倒吊成一个"J"形，随后便开始脱壳，把自己包裹在绿色的外骨骼里。破蛹而出的成虫，会继续在破了的蛹中吊几个小时，直到它的翅膀变干。同时，流体胎粪会被注入起皱的翅膀，这样翅膀就变得完整且坚硬，最后，黑脉金斑蝶就可以展翅飞翔了。

凶暴的掠食者

虽然黑脉金斑蝶是吃乳草的，但是不同种类、不同部位的乳草会含有不同的卡烯内酯含量，这也就说明了黑脉金斑蝶体内毒素的含量是不同的。卡烯内酯积聚在黑脉金斑蝶的腹部及翅膀上，一些残暴的掠食者会将这些部位撕开，去吃其他的部分。

它们的天敌很多，鸟类掠食者包括褐噪鸫、白头翁、美洲鸫、美洲雀科、麻雀、丛鸦属及蓝头松鸦。在北美洲，异色瓢虫的幼虫或成虫会吃黑脉金斑蝶的卵或刚出生的幼虫。

在欧胡岛，有一种白色形态的鸟类，可忍受黑脉金斑蝶的这种毒素。它们会吃黑脉金斑蝶的幼虫及蛹，也会吃正在休息的成虫，却很少吃在飞行中的成虫。

↑ 黑脉金斑蝶

们在地上时才会交尾，雄蝶会将精囊传递至雌蝶体内。精囊及精子可以提供给雌蝶能量，帮助繁殖及迁徙。

黑脉金斑蝶的生命周期是完全变态的，涉及四个不同的阶段。首先是雌蝶在春天或夏天产卵，然后由卵孵化出毛虫。这种蝶会吃卵壳、乳草及卡烯内酯。所以在毛虫阶段，会将能

荧光裳凤蝶

——优雅的"贵妇人"

☆门：节肢动物门
☆纲：昆虫纲
☆目：鳞翅目
☆科：凤蝶科

蝴蝶世界里有太多美丽高贵的小仙女们，它们争奇斗艳，以求让我们记住它们的美。荧光裳凤蝶飞翔的时候，姿态优美，前翅黑色，后翅金黄色和黑色交融的斑纹在阳光的照射下金光灿灿，显得华贵、美丽极了。

荧光裳凤蝶的模样

荧光裳凤蝶多彩的颜色是最迷人的，成蝶后翅在逆光下会闪现珍珠般的光泽。雄蝶前翅黑色，后翅金黄色，有波状黑色外缘；雌蝶后翅中室外侧有较宽厚的黑带，并嵌有复杂的金黄色花纹。

卵为球形，卵径约2.6～2.8毫米，高约2.0～2.1毫米。初龄幼虫呈暗红色，其后体色渐深而呈暗红色或红黑色，体上其肉质突起细长，腹部有横行的白斑。

雄蝶内有发香的长软毛，前翅狭长，前缘长为后缘的2倍；中室狭长，长约为翅长的一半。后翅短，近方形；中室长约为翅长的一半。

雄性外生殖器背兜与钩突退化；瓣片大，内部凹陷，末端有锯齿。蛹头顶平钝，翅很长。幼虫大型，生有粗大的管状肉质突起。

海岸林间的美丽身影

荧光裳凤蝶是澳洲——东洋生态区的蝴蝶，分布于我国台湾、印尼或菲律宾。

在每年的3月及7、8月份，你会看到荧光裳凤蝶翩翩起飞的身影。雄蝶喜欢在海岸原始森林的树梢间飞翔，累了就会停在叶间休息；雌蝶则较喜欢飞翔于海岸原始林间。

在道路两旁或是小径边上的长穗木、海檬果或马缨丹上，你会发现成蝶的影子，仔细一瞧，原来它们在吸食花蜜。它们吸食花粉、花蜜、植物

庞大的生物家族——昆虫

汁液，寄居在马兜铃科植物上。幼虫摄食马兜铃科等植物的叶。

成虫生活在低海拔山区，喜欢滑翔飞行，其飞行速度较慢，喜欢在晨间或黄昏时飞至野花间吸蜜。

荧光裳凤蝶的成长

雌蝶产卵的时候，将卵产于马兜铃叶背，刚产下的卵表面被覆盖着橙色的附着物，幼虫期具五龄，终龄幼虫便是名副其实的"杀手"了。它们会啮断寄主木质化茎，致使植物上半部枯死，形态如环状剥皮。

荧光裳凤蝶一年多代，一次可产卵5～20粒，以确保族群繁殖。

知识链接

金裳凤蝶是我国最大的凤蝶，主要分布在南亚、东南亚以及我国南方各省区。它的身体为黑色，头、颈和胸侧有红毛，腹部是有光泽的金黄色。前翅黑色，两侧为白色半透明，后翅为金黄色。整体看上去，就像是披上了一件镶金的衣裳，所以取名"金裳凤蝶"。

金裳凤蝶飞行时，姿态优美，全身金光闪闪，很是耀眼，极具观赏性。成虫喜食海桐、百合等的花蜜，幼虫多寄生在马兜铃属植物上，是我国特大珍奇蝶类，也是《华盛顿公约》上的二级保护动物。

↓荧光裳凤蝶

菜粉蝶
——植物界的小杀手

☆门：节肢动物门
☆纲：昆虫纲
☆目：鳞翅目
☆科：粉蝶科

菜粉蝶又称菜青虫。别看它有个好听的名字，其实它是杀害十字花科蔬菜的重要"凶手"！菜粉蝶分布在我国各地，幼虫可将叶片吃成孔洞，严重时全叶被吃光，仅剩叶脉和叶柄。

教你认识菜粉蝶

菜粉蝶成虫体长12～20毫米，翅展45～55毫米，体黑色，胸部密被白色及灰黑色的长毛；雌虫整体呈黑色，顶角有一个大三角形黑斑，中室外侧有2个前后并列的黑色圆斑，前嘴上有一个黑斑，翅展开时与前翅后方的黑斑相连接。

卵高约1毫米，初产时淡黄色，后变为橙黄色。幼虫体长28～35毫米，幼虫初孵化时灰黄色，后变青绿色，体呈圆筒形，中间肥大，背部有条不明显的断续黄色纵线，气门线黄色，线上有黄斑。

蛹长18～21毫米，纺锤形，背部有3条纵隆线和3个角状突起；头部前端中央有一个管状突起；在第二、三腹节两侧有两个突起成角的黄色脊；体灰黑色，翅白色，前翅基部灰黑色，顶角黑色，后翅底面为淡粉黄色。

"杀手"菜粉蝶

春、秋季节，菜园里常常会看到许多白色的蝴蝶飞舞，它们便是菜粉蝶，又称白粉蝶、白蝴蝶、粉蝶等。别以为它们是在玩耍，其实它们是在"下毒手"。

菜粉蝶在成虫时，不吃菜叶，仅吸食花蜜。它在花丛中吸食花蜜时，为花做了一场媒，起到了传粉的作用。可是幼虫时期的它，却专门咬食菜叶，且咬食菜叶的速度非常惊人，对蔬菜造成了很大的危害。

菜粉蝶的"天敌"

自然界的生物相互依附、克制，这样才能维持生态平衡。虽然菜粉蝶每次可产下200粒左右的卵，但能够孵化成成虫的只有20多粒。而且，在其成长的过程中，还要接受天敌的侵害。菜粉蝶的天敌是赤眼寄生蜂、小茧蜂和黄金小蜂等昆虫，它们会残忍地吃掉菜粉蝶的幼虫。但是就是因为有这些天敌的存在，才让菜粉蝶的数量没有异常增加；就算没有天敌的存在，长时间下来，大量的菜粉蝶会让卷心菜的数量变得越来越少，最后菜粉蝶也会因为没有足够的食物，而面临死亡。

菜粉蝶通过提高产卵数量的方式，来增加下一代存活的概率，从而维持种群数量的稳定。

扩展阅读

菜粉蝶在吃菜叶时有选择性，它们专吃十字花科植物的叶子。把菜粉蝶放在草纸上，发现它不会咬食草纸，但当草纸上沾了卷心菜汁液之后，它便会快速地啃咬起来。

还有一个实验，在菜粉蝶较多的地方，把剪成蝶形的白纸片用线吊住，并不断摆动着这些白纸片，会发现往往会有未交尾的雄蝶飞来追赶。原来是因为这些雄蝶把纸片误认为雌蝶了，它是过来企图"恋爱"的！这个实验说明，雄性菜粉蝶是通过视觉来寻求雌蝶的。

第二章 鳞翅目——美丽的外表、不一样的丽影

↓菜粉蝶

第三章

双翅目——
昆虫界里的坏角色

在种类繁多、数量庞大的昆虫王国里，有的美丽漂亮，有的凶神恶煞。就如双翅目里的大多数昆虫，带给人类的就是灾难和不幸，有号称"吸血魔王"能传染疟疾的蚊子；有挥之不去、令人厌恶的臭苍蝇；有形态肥壮、长相丑陋的可怕食虫虻，还有长有一双奇怪眼睛的怪异突眼蝇等等。

什么是双翅目昆虫

双翅目昆虫是节肢动物门，昆虫纲中仅次于鳞翅目、鞘翅目、膜翅目的第四大目。它包括蚊、蝇、虻、蠓、蚋等几类，其有多种口器，如刺吸式、刮吸式或舐吸式；该类昆虫中胸发达，前后胸均退化，只有一对膜质前翅，后翅退化为平衡棒，属完全变态昆虫。目前已知种类约有85000种，中国约有4000余种。

双翅目家族

双翅目家族的昆虫习性复杂，适应力很强，分为水生和陆生两类，一般多在白天活动，有少数种类选择在黄昏或夜间出来活动。

幼虫阶段，食性广且杂，大致可分成4类：植食性，多是农作物害虫；腐食性或粪食性，以取食腐败的动植物或粪便为食；捕食性，如食蚜蝇科、斑腹蝇科、黄潜蝇科的某些种类；寄生性，其幼虫都是寄生在昆虫体内，如寄蝇幼虫寄生于黏虫、地老虎、玉米螟、松毛虫等重要农林害虫

体内，其他如皮蝇科、狂蝇科、胃蝇科的幼虫多寄生在牛、羊、马的体内。

多样的生活史

双翅目昆虫一般为两性繁殖，多数系卵生，也有伪胎生和胎生，此外，也有一些孤雌生殖和少数的幼体生殖现象。在有些亚目的昆虫里，其卵可在母体内发育到各种程度以后产下，如蝇科的某些昆虫刚产下的卵就能孵化，或产下不久后就会孵化，也有孵化出来后就已是第3龄幼虫的。

蛹生派昆虫产下的前蛹期幼虫，可以自由活动，它们不吃食物就可化蛹，如虱蝇。通常卵单产或成块产在食物上、水下、土中、植物的组织内部、活的寄生体内，或产于幼虫的栖息场所。双翅目昆虫发育所需生活周期的长短因各自的食性、环境以及气候等因素而异。

双翅目昆虫极善飞翔，是昆虫中飞行最敏捷的类群之一。也有少数种类的翅与足异化而适于游泳。

双翅目昆虫传播疾病

双翅目昆虫中有不少都会传播疾病，最常见的是某些吸血性类群直接叮咬，刺吸血液常引起家畜贫血。不少种类还是传播细菌、寄生虫、病毒等病原体的媒介，例如蚊子传播疟疾、丝虫病、黄热病、登革热等；虻传播丝虫病、炭疽、锥虫病以及马的传染性贫血；蠓科的一些种类为丝虫病的中间宿主；蚋科的一些种群在非洲、美洲和大洋洲等地传播蟠尾丝虫病等等。它们所传播的这些疾病都对人类造成了很大的危害。

同时双翅目昆虫还是农林的重要害虫，如很多虫子会危害林木、蔬菜作物和多种豆科植物。

知识链接

双翅目昆虫与长翅目、毛翅目、鳞翅目、蚤目都起源于蝎蛉类复合体，它们由共同的祖先演化而来。双翅目最早的化石标本发现于下侏罗纪，这些化石均属于较原始的科，其中有绝迹的科，也有现代的科。环裂亚目的化石标本发现于第三纪。

↓双翅目昆虫——蜜蜂

蚊子
——动物世界里的"暮光家族"

☆ 门：节肢动物门
☆ 纲：昆虫纲
☆ 目：双翅目
☆ 科：蚊科

蚊子对人类来说并不陌生。天气炎热的时候，不管是在哪里，都能感受到蚊子的存在。傍晚吃过饭，去公园里散散步，如果突然被蚊子咬一口，那可真够气人的。

蚊子的发育过程

蚊子一生的发育要经过四个阶段，即卵、幼虫、蛹和成虫。前三个时期生活于水中，成虫阶段则生活于陆地。

蚊子的卵根据种类的不同产在水面的位置也不同，有水面、水边或水中三种位置。雌蚊产卵于积水中，蚊卵小，卵呈舟形，产出后浮在水面；库蚊卵呈圆锥形，产出后黏在一起形成卵筏；伊蚊卵一般呈橄榄形，产出后则是单个沉在水底。蚊卵必须在水中才能孵化。

幼虫经 4 次蜕皮后变成蛹。初孵出的幼虫长约1.5毫米，3次蜕皮之后，成为第四龄幼虫时，体长是第一龄幼虫的8倍。

幼虫体分为头、胸、腹3部分：胸部略呈方形、不分节；腹部细长，有9节，前7节形状相似，第8节是蚊子在幼虫期分类的重要依据，观察背面是否有气孔器与气门或细长的呼吸管。

蛹胸背两侧有一对呼吸管，这是分属的重要依据。蚊蛹靠第一对呼吸角呼吸，长期停歇于水面，不摄食，遇到惊扰时则会迅速潜入水中。蛹的抵抗力很强，在无水的情况下，只要保持一定的湿润，依然能发育羽化为成蚊。

新羽化的成蚊经1～2天的发育，就能进行交配、吸血、产卵。新出生的蚊子在没有羽化之前是无法起飞的。雌蚊一生只交配一次，交配后由雄性副腺分泌的液体，形成交配栓并进入雌性交配孔内，随后会逐渐溶解，24小时后完全消失。

走进"吸血鬼"

蚊子是名副其实的"吸血鬼"，平常的活动主要是寻觅宿主吸血，多数蚊种在清晨、黄昏或黑夜活动。在我国偏嗜人血的按蚊，其活动高峰多在午夜前后；兼嗜人畜血的多在上半夜，如中华按蚊。嗜人按蚊吸血活动始于日落后0.5～2小时，可持续至黎明5时，吸血高峰通常在上半夜。蚊子吸血的同时也在传播着疾病。

雄蚊则不吸血，只吸植物汁液及花蜜。雌蚊只有吸食人或动物的血液卵巢才能发育、产卵。雌蚊吸血后则寻找比较阴暗、潮湿、避风的场所栖息。

越冬是蚊子对气候季节性变化而产生的一种生理适应现象。蚊子因其本身规律性生理状态受到阻抑，所以隐匿于山洞、地窖、地下室等阴暗、潮湿的地方进入休眠或滞育状态，到来年春暖时，蚊子开始复苏，重新飞出，吸血、产卵。

↓蚊子

扩展阅读

蚊子中，最可恶的要算吸人血的蚊子。雌、雄蚊的食性本不相同，雄蚊专以植物的花蜜和果子、茎、叶里的液汁为食；雌蚊偶尔也尝尝植物的液汁，然而，婚配以后，就非吸血不可了。因为它只有在吸血后，才能使卵巢发育。所以，叮人吸血的只是雌蚊。

蚊子吸人血，还专挑合乎"口味"的对象。蚊子在熟睡的人们的枕边"嗡嗡"盘旋时，依靠近距离传感器来感应温度、湿度和汗液内所含有的化学成分。所以如果你体温较高、爱出汗，那你就要倒霉了，因为体温高、爱出汗的人身上分泌出的气味中含有较多的氨基酸、乳酸和氨类化合物，极易引诱蚊子。

蚊子主要的危害是传播疾病，其传播的疾病多达80多种。所以，蚊子是对人类危害最大的一种昆虫。

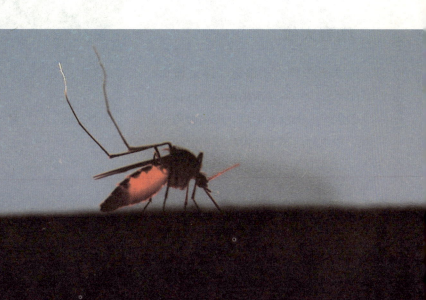

大蚊

——断肢自救的"智能生物"

大蚊是双翅目大蚊科昆虫，它还有一个很奇怪的名字——空中长脚爷叔。其体细长似蚊，脚长。大蚊体形有的很小，长的可达3厘米。大蚊飞行速度很慢，常在水边或植物丛中嬉戏玩耍，没有害处，与吸血传病的蚊虫，也只能算是远房姐妹了。

细看大蚊

大蚊形体大小都有，体呈细长，身上毛较少；体呈灰褐色或黑色；大蚊头很大，头上没有单眼，雌虫触角呈丝状，雄虫触角则为栉齿状或锯齿状。

大蚊区别于其他蚊虫的主要特征是中胸背板上有一"V"形沟；翅狭长，近端部弯曲，平衡棒细长；脚细长，大蚊的很多部位都是细长的，在转节与腿节处常易折断。幼虫呈圆柱形或略扁，头部大部分已经骨化，腹末通常有6个肉质突起。

有一种牧场大蚊，卵小而黑，其

↓大蚊

庞大的生物家族——昆虫

卵产在阴湿处。孵出的幼虫细长，皮坚韧，体为褐色。幼虫有的食腐败植物，有的危害谷类和牧草的根，但是这种昆虫一般都只会在冬天进食，春天就会进入休眠状态。

荡秋千的"虫尸"

大蚊的幼期一般生活在阴暗潮湿的泥土中，靠取食土壤中的腐烂物质为食，有些种类也危害植物的根，是水稻的大害。

因此，在稻丛中，如果你仔细

观察，常会看到有大蚊的身影。这时的它似乎是在玩耍。大蚊的成虫用前足抓住叶片，后面的两对脚伸得直直地垂吊着，摇摇晃晃的小身体来回摆动，像是在荡秋千。不错，它正在享受它的"美好时光"，当然你所不知道的是，其实它还有另一个不可告人的目的！如果不去触动摇晃的身体，看上去就好像是一具干枯的虫尸，不要被它迷惑了，其实它是在用装死来迷惑捕食者。

断肢自救

昆虫中有很多种小昆虫会采用聪明的方法进行自救，就如本篇所讲的大蚊。大蚊的这套骗人把戏，可以骗得了其他的昆虫，可却欺骗不了"捕虫能手"青蛙的锐利眼睛。当青蛙看到垂吊着的大蚊时，显然不会被骗到，猛然跳起，张嘴伸出长舌，轻而易举地就能捕捉到大蚊。本以为是一顿美餐到嘴，没想到卷入嘴里的却只是大蚊一条细细的大腿。原来大蚊受到突如其来的攻击，便断肢自救、逃之夭夭了。大蚊的反应速度真是快呀！

昆虫中有不少种类能做出一种对不利环境的抵抗性行为。人们发现蚊、蝇、蝶、蛾类足上的跗节是杀虫药剂极易通过的部位，接触后经过一段时间，跗节就会自行脱落而使昆虫免于一死。生物学上把这种现象叫做"残体自卫"。

虻

——恐怖的"吸血鬼"

☆门：节肢动物门
☆纲：昆虫纲
☆目：双翅目
☆科：虻科

虻是最能吸血的昆虫。现知约3500～4000种，分隶于200多个属，我国现记录已达300多种。

吸血的大瞎虻

虻类外表像一只大号的苍蝇，体长6～30毫米，体形肥壮，善于飞翔。因其飞翔时带着嗡嗡声，又快又急，好像乱飞一样，因此又叫瞎虻。

虻类和其他吸血昆虫一样，只有雌虻才吸血。雌虻的口器，上、下颚及口针是吸血时的必要武器，首先用这三件发达的利器划破动物的皮肤，待血液流出后，再由唇瓣上的拟气管将血吸进体内。

虻很贪食，一般一次可吸血20～40毫升，特大型的种类甚至一次可吸血200毫升。所以当一群虻在叮咬牲畜时，常常会使牛马浑身血迹斑斑而狼狈奔逃。

人在被牛虻叮咬后皮肤会很痛，并可能出血，感染红斑血疹等皮肤病，又痒又痛。如病较轻，可涂抹达克宁等消炎药。如较重，应及早治疗。

虻的生存环境

虻主要分布在热带、亚热带及温带地区。虻类最喜欢集中生活在近水和温度较高的地方，水田、沼泽地、流水、静水附近都是它们选择生儿育女的理想环境。雌虫将卵集中产在水中禾本科等植物的叶上，幼虫一经孵化便掉入水中，所以幼虫一般都是在水下生活，待到化蛹时才游到岸边。

但也有部分幼虫是陆生的，呈纺锤形，除一小头外，共有11节，每节有一隆起环，以便移动，末端有一呼吸管。成虫白天活动，以午时为活动最高峰。

良好的药用价值

　　虻虽然吸血，但是其本身具有很高的药用价值。虻具有破血逐瘀、散结通经的功能，适用于血滞经闭、症瘕积聚、跌打瘀痛等病症，系常用中药材之一，目前市场上这种东西较为紧缺。

　　在家畜聚集的地方，当虻虫落在家畜身上吸血的时候，用打蝇拍轻轻将其拍落，但力度不易过大，以免将其打碎。将捕集到的虻虫，挖其头部致死或用沸水烫死，泡洗干净，用线贯穿架起晒干或阴干，用文火微炒取出，去掉翅虫，即得炮制炒牛虻。

↓狰狞的虻

舞虻

——会跳舞的虻

☆门：节肢动物门
☆纲：昆虫纲
☆目：双翅目
☆科：舞虻科

舞虻因其飞行动作像在跳舞，所以取名舞虻。体小，胸部所占比例较大，腹部长而向后变尖，雄体腹部末端有明显的外生殖器。成虫常栖于潮湿处，幼虫则生活在土壤、水或腐败植物中，都以昆虫为食。

■ "求婚礼物"

舞虻的雄虫喜欢成群结队地聚集在一起飞舞，飞舞的时候，舞虻腹下抱有一个气球。千万不要小看了这个气球，它可是雄虫求婚的重要礼物。这个气球具有吸引雌虫的作用，也有防备"敌人"的作用——只不过这个敌人是雄虫想要勾引的雌虫。雄虫有了它，雌虫才不会把雄虫吃掉，而是与之交配。

舞虻是肉食性昆虫，有时候也会自相残杀，求爱的雄虫偶尔也会不幸地成为雌虫的盘中餐。所以为了安全起见，聪明的雄虫想出了一个绝招。那就是在交配的时候，雄虫给雌虫送来一只死蝇，待雌虫享用美餐时，雄虫乘机与之交配，一旦午餐被雌虫吃完了，雄虫就得赶快逃跑。为了讨好雌虫，雄虫有时候会给它送去一只几乎和雄虫一样大的美味猎物。

■ 不一样的礼物

在有的舞虻物种中，雌虫在收到礼物后，并不急着马上就吃掉，而是跟着雄虫飞出去，降落到草木上，再一边吃一边交配。

显然这样的礼物就不是雄虫为了保护自己而采取的措施了，它已经成为一种求爱信号。有的雄虫为防止猎物逃脱，会吐出丝线把猎物捆绑住；有的物种则是在捕捉到猎物后，从肛门吐出丝质气球，把猎物包在里面，在交配时送给雌虫吃掉。

但有的雄虫在捕捉到猎物后，会

庞大的生物家族——昆虫

先下手为强，自己先把猎物的汁液吸干，再把干瘪的猎物包进气球中。很显然雌虫已经没有要吃它的意思了，在这种情况下，礼物就仅仅具有刺激交配的功能了。

举着这些浪漫的礼物去寻找雌虫，在交配时将礼物交给雌虫。

瞧，昆虫世界里也会有如此浪漫的事！

浪漫的求婚礼物

有一种舞虻追求的是浪漫路线，这类雄虫喜欢从地面、水面上捡起各种色彩鲜艳的小东西，一般是死去的昆虫，有时则是没有任何食用价值的树叶、花瓣，但是这就足以使雌虫欢喜至极了。雄虫会像高举旗帜一样高

知识链接

在琥珀矿床中发掘出很多舞虻，并且肯定它们早至白垩纪就已经存在。有两类原先是分类在舞虻科下的亚科，但现已分类在舞虻总科下，为另外两个科，有学者认为舞虻科与长足虻科是舞虻总科下最大及最先进的分支。而舞虻亚科及螳舞虻亚科似乎是最近亲。

↓舞虻

食虫虻

——昆虫世界中的"魔鬼"

☆门：节肢动物门
☆纲：昆虫纲
☆目：双翅目
☆科：食虫虻科

　　食虫虻是双翅目食虫虻科的统称，它们是一种食肉昆虫，该昆虫在全世界约有6750种。

体形较大的食虫虻

　　食虫虻的体长不等，大者几乎有8厘米，在所有的蝇里面是最大的。其身上总体多为褐色，体形粗壮，身上体毛较多，其样子看上去就像大黄蜂。有较大眼面，两眼之间有一刚毛。它的脚很长，使其能在飞行中捕食，并在进食的时候能用脚握住食物。

　　食虫虻的幼虫有5～8个龄期，幼虫和成虫均捕食其他昆虫。成虫在自然界中捕食植物的害虫，如蝇类、蝗虫、蛾蝶、甲虫、蜂类等，因此被视为有益的昆虫。幼虫则生活在土中、枯枝落叶或腐烂的木材中，也捕食昆虫，如地下害虫蛴螬。

昆虫世界中的"魔鬼"

　　昆虫世界中以飞行昆虫为食的，

都会注入一种液体到捕获猎物体中以分解其肌肉组织。

这类昆虫身体强壮、飞行速度较快，通常是在草茎上停息，一旦看到飞行的猎物就会立马奔过去，用灵活、强大有力而多小刺的脚夹住猎物，即使是强大的甲虫，也常常会丧命。

食虫虻除了身体强壮、飞行速度快外，还具有良好的"信息接收系统"，即良好的视力。一般该类昆虫的眼睛都是大而明亮的，为了保护眼睛不受伤害，食虫虻复眼的周围特别是在前方长有众多粗大的刚毛。对于捕捉到手的猎物，食虫虻便用消化液注入猎物中，把猎物消化成液体后再吸入。这种奇特强悍的特性使得食虫虻有"昆虫界魔鬼"的称号。

重要的食虫虻

食虫虻对于昆虫世界里各类昆虫的意义来说是非常重要的。因为它们有强大的力量和较大的胃口，会捕食黄蜂、蝴蝶、蝗虫甚至是蜘蛛。所以说，在食虫虻分布的地方，往往能维持住昆虫数量的生态平衡。

↓食虫虻

苍蝇

——挥之不去的"讨厌鬼"

☆门：节肢动物门
☆纲：昆虫纲
☆目：双翅目
☆科：蝇科

说起苍蝇，人们总会把它与脏联系在一起。是的，苍蝇生活在卫生较差的环境里，苍蝇多以腐败有机物为食。苍蝇具有舐吮式口器，会污染食物、传播痢疾等疾病。

仅有一个月的生命

苍蝇的生命说长不长，说短也不短。相对于蜉蝣来说，苍蝇的寿命算长的了，因为蜉蝣只有一天的生命。相对于只有两三个月的夏季来说，苍蝇可存活一个月左右，也算是不短的了。

但是在较低温度下，苍蝇的寿命又可延长两三个月，低于10℃的温度，将会让它寸步难行，却会让其寿命更长些。普通苍蝇的成虫寿命是15～25天，如果加上它的幼虫期和蛹期的时间，寿命则是为25～70天。

致命的天敌

苍蝇这类昆虫虽然繁殖力很强，家族兴旺，但其子孙后代有大约一半的数量死于天敌侵袭和其他灾害。它们的天敌往往是致命的，并总是让苍蝇束手无策。

苍蝇的天敌主要有三类。一类是捕食性天敌，如青蛙、蜻蜓、蜘蛛、螳螂、蚂蚁、蜥蜴、壁虎、食虫虻和鸟类等。

另一类是寄生性天敌，如姬蜂、小蜂等寄生蜂类。不要小看了这类天敌，它们本事大着呢！所造成的伤害对苍蝇们来说是致命的。这类昆虫是将卵产在蝇蛆或蛹体内，孵出幼虫后便取食蝇蛆和蝇蛹。据调查发现，在春季所挖出的麻蝇蛹体中，有60.4%的数量死于寄生蜂侵害。

还有一类是微生物天敌。日本学者发现森田芽孢杆菌可以抑制苍蝇滋生，我国也有类似的发现，如果"蝇单枝虫霉菌"孢子落到苍蝇身上，就会使苍蝇感染上单枝虫霉病。

小苍蝇，大危害

苍蝇身上携带多种病原微生物，从而会传播危害人类。苍蝇的体表多毛，足部抓垫可以分泌黏液，喜欢在人或畜的粪尿、痰、呕吐物以及尸体等处爬行觅食，所以身上极易附着大量的病原体。

我们都知道，人体、食物、餐饮是苍蝇常停留的地方，且它停落时有搓足和刷身的习性，这就是病毒传播的途径了。苍蝇的这一习性使得附着在它身上的病原体很快就会污染食物和餐饮具。

苍蝇在吃东西时，会先吐出嗉囊液，以便将食物溶解，再慢慢吸入，而且它还边吃、边吐、边拉。这样一来，也就把原来吃进消化液中的病原体一起吐了出来，污染它吃过的食物。当人再去吃这些食物和使用被污染过的餐饮具时就会生病。

霍乱、痢疾的流行和细菌性食物中毒都与苍蝇的传播有着直接的关系。

但苍蝇也不是一无是处，苍蝇的幼虫扮演着动植物分解者的重要角色，而成虫则因为喜欢吃较甜的物质，因此也能代替蜜蜂用于农作物的授粉和品种改良。

↓苍蝇具有很强的繁殖力

舌蝇

——让人昏睡致死

☆门：节肢动物门
☆纲：昆虫纲
☆目：双翅目
☆科：蝇科

舌蝇，又译作螫螫蝇，属双翅目蝇科。舌蝇属非洲吸血昆虫，约21种，能传播人类的睡眠病以及家畜的类似疾病——非洲锥虫病。舌蝇以人类、家畜及野生猎物的血为食，分布广泛，多栖息于人类聚居地及撒哈拉以南某些地区的农业地带。

喙长体粗的舌蝇

舌蝇体长有6～13毫米，体呈黄色、褐色、深褐色至黑色，它的喙较长，向前水平伸出。雌、雄都吸食人和动物的血，昼夜都活动。停息时，两翅互相重叠，覆盖在腹部的背面。所有的舌蝇外形都很相似。

舌蝇身体粗壮，有稀疏的鬃毛，体形通常大于家蝇。胸部灰色，常有深色斑纹，腹部可有带纹。坚挺的刺吸口器平时呈水平方向，叮咬时尖端向下。双翅在静止时平叠于背上。每个触角上有一个鬃毛状的附器——触角芒，触角芒上有一排长而分支的毛，这点与其他蝇类不同。

生存环境

舌蝇一般见于林地，但为宿主动物所吸引时也会进行短距离飞翔来到开阔的草原。舌蝇主要见于溪流边浓密的植物丛中。但分布在东非的舌蝇则反之，它们在更开阔的林地觅食。雌、雄两性几乎每日吸血，在较为暖和的时间内取食活动尤为活跃，日落后或气温低于15.5℃时，大多数舌蝇种类停止觅食。吸人血的舌蝇中雄性占80%或更多，雌性通常喜欢吸食大型动物的血液。

舌蝇的寿命

舌蝇的寿命为1～3个月。幼虫单个地发育在雌体的子宫内，卵在雌体内孵出幼虫，幼虫以子宫壁上一对乳腺分泌的营养液为食。幼虫发育分3个阶段，共需约9天。若雌蝇不能吸饱血液，则只能生出一只发育不全的小型幼虫。若雌蝇吸饱血液，则一生中每10天生出一只发育成熟的幼虫。幼虫产出落地后，便钻入土中，1小时内就会变成蛹。几周后羽化为成虫。

易致昏睡病

中非舌蝇是冈比亚锥虫的主要携带者，该锥虫所致的昏睡病遍布西非和中非。东非舌蝇是罗得西亚锥虫的主要携带者，该锥虫所致的昏睡病见于东非高原。东非舌蝇也携带可致牛马非洲锥虫病的病原体。

在锥虫侵入人体的早期，是寄生在淋巴液和血液中，引起人体淋巴结肿大、脾肿大、心肌发炎，有的经过数年，才会发展到晚期。但有的经2～4周就侵入人体的脑脊液，发生脑膜炎，病人出现无欲状态，震颤、痉挛，最后嗜睡以致昏睡，一般2年左右后死亡。

当舌蝇吸了昏睡病人或病兽的血，锥虫进入蝇的肠内大量繁殖，然后向口部转移，进入唾液腺内，舌蝇再次叮人时，锥虫会随其唾液进入人体。

如何防治

控制舌蝇最有效的措施是控制环境因素——杀灭被舌蝇吸血的野生猎物、开垦林地、定期焚烧以防灌丛生长。诱捕舌蝇、用来自自然的寄生物控制舌蝇，往家畜身上喷杀虫药等措施的效果一直不大。

↓舌蝇

第四章

膜翅目——蜂、蚁
小世界里的大秘密

你知道勤劳勇敢的小蜜蜂、凶悍可恶的大黄蜂和行色匆匆的小蚂蚁属于昆虫中哪一目吗？没错，它们均属于膜翅目，膜翅目是昆虫纲里不可缺少的一目。别看它们的个头小，它们可是自然界中不可缺少的"大人物"，它们对生态平衡和农业经济起着重要作用。蜜蜂可以访花授粉；如果没有蚂蚁在地下筑巢，土壤就会缺少养分，并且不透气。这样一群辛勤劳动、默默付出的小虫子，在这个大的生存环境中所扮演的重要角色，是我们所不能忽略的。

什么是膜翅目昆虫

　　膜翅目家族包括蜂、蚁类昆虫，它是昆虫纲中第三大目、最高等的类群。该目昆虫广泛分布于世界各地，其中多以热带和亚热带地区种类最多。"膜翅目"名字的由来，是因为它有像薄膜一般透明的翅膀，如各种蜂和蚂蚁都具有薄的翅。膜翅目昆虫的体长只有0.1～65毫米，是昆虫中最小的。目前世界约有12万种，中国已知有2300余种。

膜翅目家族

　　膜翅目家族是植食性或寄生性的昆虫，也有肉食性的，如胡蜂等。我们可根据昆虫腹部基部是否缢缩变细，分为广腰亚目和细腰亚目两大类。

　　广腰亚目昆虫是低等植食性类群，包括叶蜂、树蜂、茎蜂等类群；细腰亚目包括了膜翅目的大部分种类，如蚁、黄蜂和各种寄生蜂。

　　膜翅目种类很多，所以其生活方式和生理结构的差异也很大。一般这些昆虫拥有两个透明的、膜一般薄的翅膀，翅膀上的脉还可将每个翅膀分为面积比较大的格，翅膀的运动方向一般是相同的。有些昆虫的翅膀也完

庞大的生物家族——昆虫

全退化了，如工蚁，它们在飞行的时候，两个翅膀一般同步运动。

大多数的膜翅目昆虫都有两个大的复眼和三个小的单眼，并有咀嚼式口器，但也有一些昆虫的嘴是用来舔吸的，比如蜜蜂。该目昆虫还是完全变态类昆虫中唯一有产卵管的昆虫，多数昆虫的产卵管变异为一根毒针。

不同的生活习性

膜翅目家族昆虫有不同程度的社会生活习性，有的已经形成习性、出现生理及形态上的分级现象。如蜂蚁专负责产卵繁殖，雄蜂通常会在交配后不久死亡，工蜂的职责就是采集食物、营巢、抚幼等。蚁科中还有专门负责保卫的兵蚁。

社会性种类的昆虫在成虫和幼虫之间还存在"交哺"的现象，如胡蜂成蜂饲喂幼虫时，幼虫会分泌一种乳白色液体，可供成蜂取食。蜜蜂巢群中的不同级型，分工明确，巢室大小不同，饲育方式也不同，如蜂后在幼虫期一直是被喂以蜂王浆的，直到化蛹。

行色匆匆的蚂蚁具有很好的记忆力，它们是通过腹部腹面在爬行过程中留下的踪迹外激素指示同巢成员找到食物及归巢路线的。

扩展阅读

按照经典分类方法，膜翅目分为细腰亚目和广腰亚目。广腰亚目不是一个统一的族，其幼虫一般是以植物为食的，与蝴蝶的幼虫相似。细腰亚目的昆虫具有蜂类和蚁类特有的细腰，这个细腰似乎将昆虫的躯干分为了胸和腹两部分。但从解剖学的观点来看，这个腰是腹部的一部分，腹部的第一环被紧紧地压在胸部内了。一些细腰亚目的昆虫在一起会形成一个非常复杂的社会结构，如蚂蚁、黄蜂、蜜蜂等；像大黄蜂类的则一般过独居生活。

←膜翅目昆虫

蚂蚁民族大揭秘

蚂蚁是一种历史十分悠久的昆虫，它的起源可追溯到大约一亿年前，与远古的恐龙同处一个时代。蚂蚁在昆虫界中不但常见而且种类繁多，它在世界各个角落都能存活，存活的秘诀就在于它们有一个非常有组织的群体。群体成员们分工有序，它们一起工作、一起筑巢、一起创建美好的生活。

"开仓放粮"的墨西哥蜜蚁

在北美沙漠中，有一种能利用自己的身体作为食物储存器的蚂蚁，叫做墨西哥蜜蚁。这是一种神奇的蚂蚁，它们的体内可充满大量的流体储备食物。每当需要时，就可以通过反刍而重新获取体内的营养。

还有一种专门以吮吸树汁为生的墨西哥蜜蚁，这种蜜蚁极为聪明，它们除了满足每天自身的需要外，还会把多余的甜汁酿制成蜜，小心翼翼地贮存在"活蜜桶"里。

这些"活蜜桶"是一些享有特殊待遇的蚂蚁，它们的职责就是贮蜜，除此之外，它们不参与其他任何劳动。等到了蚁群断粮的季节，这些负责贮蜜的蚂蚁们便开始"开仓放粮"，以接济同胞。

可灵活交流的印度跳蚁

印度跳蚁是蚂蚁界最早拥有基因序列的蚁种之一。它们是一种社会性很强的昆虫，彼此可通过身体发出的信息素来进行交流沟通。它们在找到的食物上散布信息素，其他的蚂蚁就会本能地把带有信息素的东西拖回洞里去。

这种信息素可存留很长时间，即使是在蚂蚁死后，依然存在。死掉蚂蚁身上的信息素会吸引到路过的蚂蚁，于是很快就会有同伴把带有信息素的尸体当成食物搬运回去。

而在通常情况下，死掉的蚂蚁不用担心自己会被当成食物吃掉。因为除了固定的信息素以外，每窝蚂蚁都还会有自己特定的识别气味，对与自己有相同气味的同伴们通常是友好的，不会发生攻击行为。

庞大的生物家族——昆虫

对温度敏感的切叶蚁

昆虫界里有一种会根据每个个体大小和形状的不同而进行分工的蚂蚁，这种蚂蚁叫切叶蚁。它们对种群里的等级和工种都分得非常明确、详细。

除了有分工的本领外，切叶蚁还对温度的反应相当敏感。它多半在炎热的天气里活动。这类蚂蚁喜欢吃香甜的食品，如蛋糕、蜂蜜、麦芽糖、红糖、鸡蛋、死昆虫等。

切叶蚁还有一个和其他蚂蚁一样的本领，那就是它也能清楚地辨别道路。切叶蚁好像每天都在忙忙碌碌，如果发现有个别工蚁死在外面，它们会帮忙把尸体运回蚁穴。但这样一群有情有义的小蚂蚁们却耐不过饥饿，在没有食物和水的情况下，经过4昼夜就会有接近一半的蚂蚁死亡。

体形最大的子弹蚁

子弹蚁主要分布在亚马逊地区的雨林中，其样子和外貌都与黄蜂的祖先较相似。这种蚂蚁生活在中南美洲，它是世界上体形最大的蚂蚁种类之一，最长的可超过2.5厘米。

子弹蚁还是蚂蚁界的捕捉能手，一群子弹蚁能很轻易地捕捉到小型蛙类，并以它们为食。但谁能想到，这种有较大体形的子弹蚁，其克星却是体形小得可怜的驼背蝇。

子弹蚁强悍有力的大钳子对于小小的驼背蝇，是丝毫没有作用的。而只要碰到驼背蝇，子弹蚁就会直接面临死亡的威胁，即使身上带有剧毒也束手无策。因为微小的驼背蝇有一种专门对付子弹蚁的解毒药，而子弹蚁过大过重的钳子又丝毫不能给它造成威胁。因此，碰到驼背蝇，子弹蚁就必死无疑。

↓子弹蚁

第四章 膜翅目——蜂、蚁小世界里的大秘密

蚂蚁

——神奇的建筑专家

☆ 门：节肢动物门
☆ 纲：昆虫纲
☆ 目：膜翅目
☆ 科：蚁科

我国古代很早就有关于蚂蚁的文字记录，很多历史文献都记述了古人对蚂蚁的观察和认识。目前世界上已知的蚂蚁约有9000种，而中国至少有600种以上。

神奇的建筑专家

蚂蚁在昆虫世界里绝对可以称得上是建筑专家，蚂蚁的大房子里有许多分室，这些分室各有用处。在沙漠中有一种蚂蚁，其所建筑的窝远远看上去就像一座城堡一样美丽，有4.5米之高，简直神奇极了。当那些窝废弃之后，就会被其他一些小动物拿来当自己的窝了。

蚂蚁穴就像是一个王国，有它自己国家的制度。一般蚁穴中心的地方都是给蚁王住的，蚁王的任务就是吃东西、交配、生孩子。中心的位置牢固、安全、舒服，道路四通八达，方便至极。而其他储备食物的地方，则通风、凉快，冬暖夏凉。蚂蚁们一般都会在地下筑巢，地下巢穴的规模可以非常大。而且还有着良好的排水、通风系统。一般建筑工作是由工蚁来负责，其出入口大多是一个拱起的小土丘，像火山那样中间有个洞，也有用来通风的小洞口。

"专家们"的外貌形态

蚂蚁一般体形较小，有翅或无翅，有黑、褐、黄、红等各种颜色，体壁附有弹性，光滑或有毛；口器咀嚼式，上颚发达；4～13节触角，呈膝状，柄节很长，末端2～3节膨大。腹部第1节或1、2节呈结状；前脚的距离大，呈梳状，能够清理触角。

蚂蚁的外部形态分头、胸、腹3个部分，有6条腿；蚂蚁卵约为0.5毫米长，乳白色，呈不规则的椭圆形；幼虫蠕虫状半透明，工蚁体细小，体长约2.8毫米，全身棕黄，单个蚁要

细看才易发现。雄、雌蚁体都比较粗大，雄蚁体长约5.5毫米，雌蚁体长约6.2毫米。

蚂蚁在幼虫阶段没有任何能力，而它们也不需要觅食，完全由工蚁喂养，工蚁刚发展为成虫的头几天，就是专门负责照顾蚁后和幼虫，然后逐渐地开始做挖洞、搜集食物等较复杂的工作。工蚁有不同的体形，个头大的，头和牙也发育得大，它们的职责是保卫蚁巢，因而也叫兵蚁。

吃苦耐劳的"寿星"

蚂蚁们通常生活在干燥的地区，也喜欢潮湿温暖的土壤，它们在水中勉强能存活两个星期。

蚂蚁有很长的寿命，工蚁可生存几星期或3～7年，蚁后则比较厉害，一般可存活十几年或几十年，甚至是50多年。一个蚁巢在一个地方可长达一年。

人们都知道蜜蜂辛劳，却不知蚂蚁比蜜蜂更辛劳，而且寿命也长得多。蚂蚁们昼夜工作，永不知倦！

↓蚂蚁

蜜蚁
——集甜蜜美丽于一身

☆ 门：节肢动物门
☆ 纲：昆虫纲
☆ 目：膜翅目
☆ 科：蚁科

蜜蚁是若干种不同蚁科昆虫的统称，蜜蚁和蜜蜂一样可以储藏花蜜，但与蜜蜂不同的是，蜜蚁是将蜜储存在自己的身体内。因此蜜蚁是甜甜的一类小蚂蚁，一些国家把蜜蚁视为美味，整吃或仅食其金黄色的腹部。

美丽的小蜜蚁

小蜜蚁的长相特别简单漂亮，光是它的颜色就已经很好看了。蜜蚁的颜色有的呈暗琥珀色，有的近乎透明，看上去光亮可爱。蜜蚁的身体颜色与它体内的蜜液组成成分有很大关系。

从颜色上来说，呈暗琥珀色的蜜蚁，体内的蜜液富含葡萄糖、果糖和微量蔗糖，而透明蜜蚁蜜液的浓度则要小一些，其组成成分主要是糖和水分。

奇特的生活习性

蜜蚁是将蜜储存在自己的身体内。在地下巢穴里，蜜蚁通常头朝下、脚朝上地从半圆形巢室的顶部倒挂而下，体内则灌满了由群内其他工蚁采集来的花蜜。

蜜蚁用做采集器或储蜜罐的器官是一个消化器官，它可以迅速地膨胀成一个大圆球。而其他蚂蚁的消化器官则包裹了一层外骨骼叠片，无法随意膨胀。而蜜蚁的胃则能膨大到一颗葡萄那么大。对于生活在干旱环境的生物来说，食物尤显重要，如果食物不足的时候，蜜蚁们会"做善事"，将花蜜反刍给群内的其他蜜蚁。

两种特殊的小蜜蚁

蜜蚁至少有6种，其中属澳大利亚蜜蚁和北美蜜蚁较为特殊一些。这两种蜜蚁在很多方面都比较相似，它们的个头都很大且数量很多，可占到整个巢穴种群的1/5以上；通常都是由刚孵化两周的年轻工蚁发展而来的。

庞大的生物家族——昆虫

↑ 蜜蚁

也会攻击小型昆虫，用来喂养幼虫。澳大利亚蜜蚁则喜欢将巢筑在较低的高地上，其食物则比较单一，常常只捡拾一种树木叶片上的昆虫幼虫作为食物。

它们的巢穴出入口的结构也存在很大的差别。北美蜜蚁巢穴的出入口通常位于一个凹坑内，穴口为圆形，看上去就像一座微型的小火山，长度不足一米；而澳大利亚蜜蚁巢穴的出入口则是建在树冠下，上面遮以浓密的茅草，巢穴沿水平方向延伸，长度通常超过2米。

两种蜜蚁巢室的顶部都是拱形的，这样便于蜜蚁倒挂。巢室离地表至少有20厘米的距离，既可以起到保护的作用，又能维持一定的温度和湿度。

但无论是澳大利亚蜜蚁还是北美蜜蚁，当它们的身体完全胀大后，都会因无法通过狭窄的巢穴通道而被终身"禁闭"在蚁巢内，不得与外界联系。而如果将它们赶出蚁巢，它们就会立即爆裂，或是"六"脚朝天地躺在地上死掉。

澳、北美蜜蚁大不同

两种蜜蚁虽然有很多相同点，但是不同点更多。北美蜜蚁喜欢把巢建筑在山脊和台地的最高处，食以领地内的死亡昆虫和其他节肢动物，偶尔

红火蚁
——令人恐惧的害虫

☆ 门：节肢动物门
☆ 纲：昆虫纲
☆ 目：膜翅目
☆ 科：蚁科

红火蚁是火蚁的一种，它是农业及医学上公认的大害虫，令人惧怕。它最早源自南美洲，1930年传入美国，并于2001年及2002年通过货柜箱及草皮从美国广泛蔓延到澳大利亚等一些国家，中国也遭其害。

细看红火蚁

红火蚁是一种社会性生活的昆虫，蚁巢向外突起呈丘状，每个成熟的蚁巢里都有5万～50万只红火蚁。红火蚁和蚂蚁一样，都分工明确。有负责做工的工蚁、负责保卫和作战的兵蚁和负责繁殖后代的生殖蚁。

生殖蚁是包括居住在蚁巢中的蚁后和长有翅膀的雌、雄蚁。一个蚁巢里有一个或数个可以生殖的蚁后，而其他的工蚁和兵蚁都是不能繁殖的。

红火蚁个体较大，兵蚁体长3～6毫米；工蚁体长2.4～6毫米，有多种类型，身体为红色到棕色不等，柄后腹为黑色，10节触角。

当红火蚁受到侵犯时，会表现得异常愤怒，并用后腹部的尾刺进攻入侵者，人一般被蜇刺后次日就会有水疱出现。

较强的生活能力

红火蚁是杂食性昆虫，而且觅食能力强，喜欢猎食昆虫和其他节肢动物，也包括无脊椎动物、脊椎动物、植物等，另外，有的还取食腐肉。

红火蚁群体生存、发展需要大量的糖分，因此工蚁常取食植物汁液、花蜜或在植物上"放牧"蚜虫、介壳虫。红火蚁的取食量是很大的，据报道，该蚁可取食149种野生花草的种子，57种农作物，真是农林的大害虫。

红火蚁活动时间比较多，它们会在凉爽季节的白天出现，会在炎热时期的傍晚出现，在漆黑的夜间也能看见它

庞大的生物家族——昆虫

们的身影。其中工蚁觅食活动最积极，但觅食不可以进入其他蚁丘的觅食范围，否则会有一场"战争"打响。

与体形有关的寿命

红火蚁的寿命与体形有关。一般小型工蚁寿命在30～60天，中型工蚁寿命在60～90天，大工蚁则在90～180天。蚁后寿命比较长，它会活2～6年。

红火蚁为单或多后制群体，蚁后每天最高可产卵800枚，一个有几只蚁后的巢穴里，每天可生产2000～3000枚卵，数量是很大的。食物充足的时候，产卵量则可以达到最大。一个成熟的蚁巢可以达到24万头工蚁。

扩展阅读

红火蚁入侵住房、学校、草坪等地

↓ 红火蚁

时，与人接触的机会是比较大的，叮咬现象时有发生。其尾刺排放的毒液可引起过敏反应，甚至导致人类死亡。入侵红火蚁同时也啃咬电线，经常造成电线短路甚至引发火灾。

红火蚁的名称便是在描述被其叮咬后如火灼伤般的疼痛感，其后会出现如灼伤般的水疱。

红火蚁在蚁巢受到外力干扰骚动时极具攻击性，成熟蚁巢的个体很多，因此入侵者往往会遭受大量的红火蚁以螫针叮咬、大量酸性毒液的注入，除立即产生破坏性的伤害与剧痛外，毒液中的毒蛋白往往会造成被攻击者产生过敏而有休克死亡的危险，若脓包破掉，则常常容易引起细菌的二次性感染。

据1998年所作的调查，在南卡罗来纳州约有33000人因被红火蚁叮咬而需要就医，其中有15%会产生局部严重的过敏反应，2%会产生严重系统性反应而造成过敏性休克，而当年便有2个受红火蚁直接叮咬而死亡的案例。

蜜蜂
——勤劳的采花使者

☆ 门：节肢动物门
☆ 纲：昆虫纲
☆ 目：膜翅目
☆ 科：蜜蜂科

蜜蜂指蜜蜂科所有会飞行的群居昆虫，源自于亚洲与欧洲，由英国人与西班牙人带到美洲。蜜蜂为取得食物不停地工作，白天采蜜、晚上酿蜜，辛勤极了，同时也接替果树授粉的任务，是农作物授粉的重要媒介。

勤劳的资源昆虫

蜜蜂是一种会飞行的群居昆虫，成虫体长2～4厘米，体被绒毛覆盖，脚或腹部具有长毛组成的专门采集花粉的器官。它的口器嚼吸的方式是昆虫中独有的特征。蜜蜂的腹部有两个极其小的黑色圆点，这是它能发出声音的发声器。这些可爱的蜜蜂被称为资源昆虫，一想起勤劳这个词，便总会与蜜蜂联系在一起。

蜜蜂采蜜

蜜蜂完全是以花为食，包括花粉及花蜜。蜜蜂在采花粉的同时也是在对它授粉，当蜜蜂在花间采花粉时，多少会掉落一些花粉到花上。不要小看了这些掉落的花粉，这是植物异花传粉的重要环节。

雄蜂通常寿命不长，所以不采花粉，喂养幼蜂的工作也与它无关。工蜂负责的则是所有筑巢及贮存食物的工作，而且通常要有特殊的结构组织以便于携带花粉。

大部分蜜蜂会采集多种花的花粉，有的只固定采一种颜色的花粉，还有一些蜜蜂只采一些之间有亲缘关系的花的花粉。

邻里间的关系

蜜蜂虽然过着群体的生活，但是，蜂群和蜂群之间是互不串通的。蜂巢里存有大量的饲料，为了防御外来的侵袭，蜜蜂具有了守卫蜂巢的能力，螫针便是它们主要的自卫器官。

庞大的生物家族——昆虫

蜜蜂靠灵敏的嗅觉来识别外群的蜜蜂。守在门口的侍卫，会严格控制外群的侵入。但是在蜂巢外面的情况就大不相同了，比如在同一个花丛中或饮水处，虽然不同群的蜜蜂在一起，但它们互不敌视，互不干扰。

飞出去交配的母蜂，有时也会错飞到别的群组里，一旦被发现，母蜂就要倒霉了。这时群内的工蜂会立即将它团团包围，残忍地将它杀死。而雄蜂如果要错入外群就不会这样惨了，工蜂不会伤害它，因为蜜蜂培育雄蜂不只是为了本群繁殖的需要，同时也是为了种族的生存。瞧，蜜蜂的世界似乎也有些重男轻女呢！

蜜蜂的生活习性

蜂王是在巢室内产卵，幼虫也就是在巢室中生活，经营社会性生活的幼虫是由工蜂来喂食的，营独栖性生活的幼虫是以雌蜂贮存于巢室内的蜂

↓蜜蜂

粮为食的，等到蜂粮吃完后，幼虫便会成熟化蛹，羽化时便破茧而出。

家养的蜜蜂一年可繁殖若干代，野生蜜蜂则一年繁殖1～3代不等。一般雄性比雌性寿命短，不承担筑巢、贮存蜂粮和抚育后代的任务。雌蜂营巢、采集花粉和花蜜，并贮存于巢室内，寿命比雄性长。

扩展阅读

蜜蜂是对人类有益的昆虫类群之一，指的是生产用蜂种，如西方蜜蜂和中华蜜蜂，该类蜜蜂为农作物、果树、蔬菜、牧草、油茶作物和中药植物传粉。蜂蜜也是人们常食用的滋补品，有"老年人的牛奶"的美称；蜂花粉被人们誉为"微型营养库"，蜂王浆更是高级营养品，不但可增强体质，延年益寿，还可以治疗神经衰弱、贫血、胃溃疡等慢性病；蜂毒对风湿、神经炎等均有疗效；蜂胶还被称为"紫色黄金"。

黄蜂
——厉害的小家伙

☆ 门：节肢动物门
☆ 纲：昆虫纲
☆ 目：膜翅目
☆ 科：胡蜂科

黄蜂属膜翅目胡蜂科，又称"胡蜂""蚂蜂"或"马蜂"，该昆虫分布广泛而且种类繁多。黄蜂具有很强的攻击性，雌蜂身上有一根有力的长螫针，在遇到侵害时会群起而攻之，可以使人出现过敏反应和毒性反应，严重者可导致死亡。

黄蜂的样子

黄蜂一般体长三四厘米，通常有翅，翅较长，其口器为嚼吸式，触角具12或13节，胸腹之间以纤细的腰相连；其身体颜色和茶色玻璃差不多，头部颜色比身子颜色浅。

黄蜂成虫时期的身体外观具有昆虫的标准特征。成虫体多呈黑、黄、棕三色相间，或为一色，具有大小不同的刻点；有较短茸毛，脚较长，翅发达，飞翔速度很快；口器发达，上颚较粗壮。

雌蜂腹部为6节，末端有由产卵器形成的螫针，上连毒囊，分泌毒液，有较强毒力；雄蜂腹部7节，无螫针。蛹为离蛹，呈黄白色，颜色随龄期而加深，很多蜾蠃以蛹越冬；幼虫梭形，白色，没有脚，身体分为13节。

黄蜂的发育过程

黄蜂属于完全变态的昆虫，一生经历四个阶段：卵、幼虫、蛹、成虫，每个阶段的身体外观都不同。由卵孵化后的幼虫尾部仍附着于巢穴底部，幼虫由工蜂负责喂食，颜色随着发育的程度由晶莹剔透逐渐转为明黄色，幼虫阶段是以其他小虫为食，尤其是毛毛虫。

不同种类的幼虫食虫方式不一样。蜾蠃类幼虫是在成蜂构筑的封闭巢内，食以贮存的被麻醉的其他昆虫；其他类黄蜂的幼虫则在巢中由成蜂饲喂嚼烂的昆虫，幼虫食后常分泌一种成蜂喜食的液体。

在幼虫消化道的中肠端部，由围食膜形成一个封闭囊，此囊中的排泄物，在体内呈游离状。化蛹以后，该囊变硬变黑，随蜕皮一起脱去。卵呈椭圆形，白色、光滑，每个巢室中都有一枚，基部有一丝质柄固着，直至孵出幼虫。

各种各样的生活

黄蜂是社会性行为的昆虫类群。蜂群中有后蜂、职蜂（或称工蜂）和雄蜂之分。

后蜂是指前一年秋后与雄蜂交配受精的雌蜂，雄蜂在交配后不久就会死亡。天变冷时，受精雌蜂便会离开巢穴寻觅墙缝、草垛等避风场所，抱团越冬。到了第二年春天，存活的雌蜂便散团外出分别活动。

秋后是巢中的雄蜂为一年中最多的时期，一般气温在12℃～13℃时，黄蜂出蛰活动，16℃～18℃时开始筑巢，秋后气温降至6℃～10℃时越冬。春季中午气温高时为活动高峰，夏季中午炎热，时常暂停活动。

黄蜂有喜光的习性，在风力3级以上时常停止活动。黄蜂喜欢甜性物质，在500米的范围内，黄蜂可明确辨认方向，并能够顺利返巢，超过500米就不好说了。

↓黄蜂

第五章

直翅目——"虫多士众"的大家庭

直翅目也是昆虫纲较为常见的一类昆虫，它的家庭成员有很多，已知有20000种以上，并在全世界范围内分布。你小时候玩过蟋蟀吗？它就是我们通常所说的蛐蛐，便属于直翅目。本类昆虫有不少是害虫，像无粮不吃的蝗虫，常年隐藏地下的吃农作物根部的蝼蛄等等。它们有怎样的故事，又是怎样被冠上害虫称号的呢？

什么是直翅目昆虫

直翅目家族昆虫多为体形较大的昆虫，其前翅为覆翅，后翅呈扇状折叠。该目昆虫最大的一个特点就是其后脚较发达，极善于蹦跳。这类昆虫包括蝗虫、螽斯、蟋蟀、蝼蛄等，广泛分布于世界各地，世界已知种类有18000余种，中国已知800余种。

粗看直翅目昆虫

直翅目昆虫体形差异大，体长在4～115毫米范围内，小型种类数量较少。其口器为典型的咀嚼式口器，多数种类为下口式，少数穴居种类为前口式；上颚发达，且强大而坚硬；有多节的长触角，多数种类的触角呈丝状，有的触角很长，长度可长于身体；还有少数种类的昆虫触角为剑状或锤状。

直翅目昆虫前翅较狭长，停息时会覆盖在体背；后翅膜质，臀区宽大，停息时多呈折扇状纵褶于前翅下，翅脉多平直，还有些种类的翅退化成鳞片状。

该目昆虫前脚和中脚都适于爬行，后脚发达，适于蹦跳。多数种类的雄虫具有发音器，如螽斯、蟋蟀、蝼蛄等都是以左、右翅相互摩擦发音，而蝗虫则是以后足腿节内侧的音齿与前翅之间相互摩擦发音。它们发音主要为了招引雌虫，雌虫是不发音的。

美妙的生活史

直翅目昆虫的生活史因种类和地区而异，有一年一代的，也有一年两三代的，多以卵越冬，到来年的四五月份开始孵化。成虫和若虫的形态和生活方式都很相似，若虫一般为4～6龄，在发育过程中触角会有增节的现象，触角的增节多少和翅芽的发育程度是鉴别若虫龄期的重要依据。

该目昆虫具有明显的性二型现象，这体现在虫体的大小和有无发音器等特征上。此类昆虫多为植食性，有少数是肉食性、陆栖性，一般生活在地面上。它们多数是在白天活动，尤其是蝗科，日出以后多活动在杂草

庞大的生物家族——昆虫

丛中。而生活在地下的种类，如蝼蛄，它们多在夜间到地面上活动。

名副其实的大害虫

直翅目昆虫多数是植食性的种类，其中有很多是农业上的害虫。如东亚飞蝗，它会严重危害农作物；西伯利亚蝗会严重危害草原上的牧草；黄脊竹蝗和青春竹蝗则严重危害竹林；还有危害甘蔗和水稻的蔗蝗和稻蝗等。

蟏斯总科的棉斑草蟏严重危害棉和甘薯，日本宽翅蟏斯和绿蟏斯危害柑橘、茶、桑树、杨树和核桃。蟋蟀总科的花生大蟋危害花生、大豆、绿豆、芝麻、甘蔗、瓜类、蔬菜和棉苗，油葫芦危害作物的叶、茎、枝、种子或果实，有时也危害花生的嫩根或茶树的幼枝。

↓ 直翅目昆虫

蝼蛄总科中常见的非洲蝼蛄和华北蝼蛄，两者都严重危害小麦、玉米、棉花、烟草、蔬菜和树苗，它们咬食播下的种子，尤其是刚刚发芽的种子，也有咬食作物的根部，使幼苗枯死或生长不良的。它们夜间在地面活动的时候，还会继续危害作物，主要咬食靠近地面的嫩茎，常会将幼苗咬断。

扩展阅读

由于化石材料的积累，目前对于直翅目昆虫的起源和系统，已经有了比较清楚的结论。有说法认为直翅目昆虫起源于石炭纪的原直翅类，到中生代演化成两个主要的分支，一是现存的长角类群（如蟋蟀类、蟏斯类），一是现存的短角类群（如蝗类）。

螽斯

——自然界中漂亮的音乐家

☆门：节肢动物门
☆纲：昆虫纲
☆目：直翅目
☆科：螽斯科

说起螽斯大家也许会感到陌生，但要是说起它的另一个名字，大家肯定会说："噢，原来就是它啊！"螽斯的别名到底是什么呢？答案就是蝈蝈。

一身绿色劲装的螽斯

螽斯被俗称为蝈蝈，是鸣虫中体形较大的一种，体长在40毫米左右，全身一般是绿色的。螽斯的翅膀较为薄弱，翅膀的前缘稍微有点向下倾斜，但是它的后腿强劲有力，足附四节，尾须短小，产卵器呈刀状或剑状。

螽斯的外表看着像蝗虫，但是仔细看便会发现，螽斯的外壳没有蝗虫那么坚硬，最重要的是螽斯有着远比自己身体还要长的触须。另外，螽斯最值得骄傲的是它还有一副好嗓子，其鸣叫声

具有奇特的金属质感，一般螽斯的叫声可以传到一两百米以外，比蟋蟀的叫声更加响亮、尖锐和刺耳。

其实螽斯并不是都是绿色的，栖息于树上的种类常为绿色，无翅的地栖种类通常颜色较暗。

螽斯的生活习性

螽斯目前在中国有200多种，估计全世界应该有500种以上。其中"纺织娘"最为大家所熟知，螽斯分布在世界各地，但是大部分分布在适合其生存的热带和亚热带地区。螽斯在通常情况下住在丛林、草间，也有少数一部分栖息于穴内、树洞里以及石下等较为潮湿的环境中。

螽斯的存在可以说既有好的一面又有坏的一面。好的一面是螽斯中有很多种都是肉食主义者，可以说是害虫的天敌，同时螽斯善于鸣叫，是昆虫音乐家中的佼佼者，其鸣声各异，有的高亢洪亮，有的低沉婉转，优雅动听，令人回味，给大自然增添了一串串美妙的音符。但是螽斯有时候又是令人头疼的，

庞大的生物家族——昆虫

成年的螽斯有植食性或肉食性，也有杂食种类，植食性种类多对农林牧业造成不同程度的危害；肉食性种类在柞蚕区内可对养蚕业造成一定的危害，造成蚕产量的减少。

螽斯虽是大自然美妙的音乐家，但是它们却时刻面临着危险。螽斯的天敌有很多，像小鸟、老鼠等，即便如蚂蚁、蜘蛛、螳螂这样的小昆虫也都是威胁螽斯生存的天敌。

知识链接

在我国历史上，螽斯很久之前便被人类所喜爱，成为人类的宠物。三千年前《诗经》中相传为周公旦所作的《七月》以及民歌《草虫》《螽斯》等是世界上最早的记载螽斯的文字。从清康熙、乾隆直到宣统，许多皇帝都喜欢蝈蝈。乾隆游西山，听到满山蝈鸣，即兴赋诗，曰："雅似长安铜雀噪，一般农候报西风。"

↓螽斯若虫

蟋蟀

——争强好胜的大将军

☆ 门：节肢动物门
☆ 纲：昆虫纲
☆ 目：直翅目
☆ 科：蟋蟀科

说起蟋蟀想必大家都知道，蟋蟀俗称蛐蛐，许多小朋友都玩过，特别是在农村长大的孩子，几乎都玩过蛐蛐。小小蟋蟀格斗起来，真可以算得上是战场上的"大将军"。

性格孤僻的蟋蟀

蟋蟀体长15～40毫米，形体粗壮，整体颜色多为黑褐色或黄褐色；它的头圆而富有光泽；有30节触角，呈丝状，触角较长，往往超过了它自己身体的长度。

蟋蟀雌、雄性格不一，雄虫好斗，而且擅长鸣叫，雌虫则默不做声，是个"哑巴"，被称为"三尾子"。所以根据声音，便能分出雌雄。

蟋蟀是不完全变态昆虫，成虫生性孤僻，喜欢独居，通常是一穴一虫。但是到了成熟发情期，情况可就不同了，这时的雄虫会招揽雌蟋蟀同居一穴。

蟋蟀每年发生一代，雌虫一生可产卵500粒左右，散产于泥土中，以卵越冬。它喜欢居住在阴凉和食物丰富的地方，往往夜间出来觅食。

成虫擅长跳跃，其后腿具有很强的爆发力，跳跃间距为身体长的20倍左右。每年夏秋之交是成虫的壮年期，所以也是捕捉斗玩蟋蟀的大好时期。

悠久的传奇历史

斗蟋蟀是我国民间的一项重要民俗活动，也是最具东方色彩的中国古文化遗产的一部分。在很早的唐朝时期就有文字记载，那时的民间就已经流行斗蟋蟀的游戏了。因此，饲养蟋蟀在我国也有着广泛的基础，上至宫廷，下到民间学堂儿童，善养者乃是成千上万。

其乐无穷的斗蟋蟀游戏

　　养蟋蟀和其乐无穷的斗蟋蟀活动都是人们充实精神生活的一种手段，观看蟋蟀格斗的激烈场面，也是饶有趣味的。两只小虫，虽然是昆虫，却似乎懂得人意，很会打架。即使在瓶中拼搏，也丝毫不影响它们激烈的战斗。瞧，它们各自进退有据，攻守有致，一会儿进攻向前，一会儿变攻为守，一会儿又猛地进攻，引起观赏者一阵又一阵的欢呼，有趣极了。

　　聪明的蟋蟀常常会在战斗中未胜就先振翅高鸣，企图吓倒对方，但对方往往不会被吓倒，几秒钟后，两虫再次扑斗起来……如此精彩的激战，难怪能吸引众多的蟋蟀迷和围观者。

蟋蟀的文化之旅

　　随着人们生活水平的提高，文化生活的多样化发展，简单的"斗蟋"活动已经开始向"艺术"过渡，并由此开始逐渐融入了庞大的中国古代文化体系，在全国许多城市相继成立了蟋蟀协会、蟋蟀俱乐部等从事蟋蟀研究、开发、利用、观赏、娱乐性的组织，蟋蟀市场在许多城市、地区盛况空前。中国"斗蟋"开始登上大雅之堂，走向世界。

知识链接

　　蟋蟀最为人们所注目的是它们的鸣叫声，因此素有"田园歌星"的美称。仔细聆听它们"演唱"的乐曲，也是有多种含义的：安静、不受干扰时，弹奏一曲优美动听的"畅想曲"；遭受干扰时发出一种急而短促的声音；两雄相斗奏出的"胜利进行曲"，音色洪亮，鸣叫不息；雄虫向雌虫求爱的情歌声，清新优雅、婉转动听；还有一种就是情侣交配时，发出的欢快的"嘀铃——嘀铃——"声。

↓蟋蟀

蝼蛄
——隐蔽的地下害虫

☆ 门：节肢动物门
☆ 纲：昆虫纲
☆ 目：直翅目
☆ 科：蝼蛄科

蝼蛄一般被人们叫做蝲蝲蛄、土狗。目前在全世界已知种类有50多种，在我国目前被发现的只有4种：华北蝼蛄（又称东方蝼蛄）、非洲蝼蛄、欧洲蝼蛄和"台湾"蝼蛄。

藏在地下的"丑小鸭"

蝼蛄生活在地下，如果是土壤较为湿润的话可以钻15～20厘米深，蝼蛄能够挖出一个这么深的洞，是因为它们的前足粗而短小，基节短宽，腿节略弯呈片状，适合铲土，便于挖洞掘穴，而且身体是圆柱形，头又尖尖得像个圆锥。蝼蛄的复眼小而突出，有两个单眼。内侧有一裂缝为听器。前翅短，雄虫能鸣，发音镜不完善，仅以对角线脉和斜脉为界，形成长三角形室。

蚕食农作物的"素食者"

蝼蛄是标准的素食主义者，这就导致它们成为地下害虫中的"无冕之王"。由于蝼蛄一般都是生活在地下，吃新播的种子，咬食作物根部，对作物幼苗伤害极大。潜行土中，形成隧道，使作物幼根与土壤分离，因失水而枯死。蝼蛄食性复杂，危害谷物、蔬菜及树苗。非洲蝼蛄在南方也危害水稻。台湾蝼蛄在台湾危害甘蔗。但据记载，蝼蛄中的某些种类也摄食其他土栖动物，如蚯蚓等。

以歌声求爱的蝼蛄

蝼蛄主要在晚间活动，因此时常可听到一片咕咕的鸣声，这种声音可全是"男声合唱"，因为只有雄蝼蛄的翅膀才能摩擦出声音来。其实它们是在唱情歌，以吸引蝼蛄姑娘前来幽会，生儿育女。当然，它们爱情的唯一后果就是使当地蝼蛄的数量增多，加重对农作物的危害。

我国在蝼蛄繁殖季节时往往用声

庞大的生物家族——昆虫

诱法消灭蝼蛄。用灵敏的收音机提前将雄性蝼蛄的声音录下来，然后在田间大音量地播放。可以招来很多雌性蝼蛄，然后对蝼蛄实施消灭，这样便从根源上断绝了蝼蛄的繁衍，保护了农作物。

但是随着这一方法的不断运用，人们发现蝼蛄间的语言往往也有"方言"之分，比如在北京的蝼蛄声录音在河南却效果不是太好，招来的蝼蛄往往比较少，因此现代的蝼蛄声录音往往注明演唱者的"籍贯"，以避免使用时产生误会，影响效益。

◆◆◆ 蝼蛄的药用价值

蝼蛄体内含有17种氨基酸，其中含谷氨酸最多。干燥的蝼蛄虫体入药，具有利尿、消肿、解毒之功效。临床用于治疗泌尿性结石、水肿、慢性肾炎和尿毒症等。但干燥的虫体，多已碎断而少完整。完整者长约3厘米，头胸部呈茶棕色，杂有黑棕色，并有特异的腥臭气。中医常以身干、完整、无杂质及泥土者为佳。

↓ 蝼蛄

蝗虫

——"吃皇粮"的大害虫

☆ 门：节肢动物门
☆ 纲：昆虫纲
☆ 目：直翅目
☆ 科：蝗科

全世界有超过10000种蝗虫，主要分布于热带、温带的草地和沙漠地区。

随处可见的蚂蚱

蝗虫也被称为蚂蚱，其数量极多，且生命力顽强，适于在各种场所栖息。其大多数是农作物的重要害虫，对农作物的危害很大。蝗虫在山区、森林、低洼地区、半干旱区、草原的分布最多。

蝗虫在严重干旱时可能会大量爆发，对自然界和人类来说都是一种灾害。

人们常说的蚂蚱只是蝗虫的幼虫，它并不是一种单独的物种。蝗虫的幼虫只能跳跃，成虫既可以飞行，也可以跳跃，均以植物为食。

蝗虫的器官分工

蝗虫的头部触角、触须、腹部的尾须以及腿上的感受器都可感受触觉，味觉器是在口器内，触角上有嗅觉器官。复眼主管视觉，单眼主管感光第一腹节的两侧，或前足胫节的基部有鼓膜，主管听觉。

蝗虫全身通常为绿色、灰色、褐色或黑褐色，头较大，一对复眼，3个单眼，触角短；前胸背板坚硬，中、后胸愈合不能活动；脚发达，尤其后腿的肌肉强劲有力，外骨骼坚硬，使它成为跳跃专家；胫骨还有尖锐的锯刺，这是蝗虫最有效的防卫武器。

头部下方有一个口器，是蝗虫的取食器官，为咀嚼式口器。蝗虫上颚很坚硬，一般用它进行咀嚼。蝗虫是植食性昆虫，喜欢吃肥厚的叶子，如甘薯、空心菜、白菜等。蝗虫的发育为不完全变态。

复杂的发育过程

蝗虫的发育过程比较复杂，要经

过卵、若虫、成虫三个时期。刚孵出的幼虫没有翅，但能够跳跃，因而被叫做"跳蝻"。跳蝻的形态和生活习性与成虫相似，只是生殖器官没有发育成熟且身体较小，体色较淡，这种形态的昆虫又叫若虫。

若虫随后逐渐长大，它一生要经过5次蜕皮。一次蜕皮为1龄，3龄以后，翅芽开始显著。5龄以后，就变成了能飞的成虫。

蝗虫的天敌有鸟类、禽类、蛙类和蛇等，同时人类也会对其大量捕捉。

蝗虫灾害

人类很早就注意到，蝗灾往往和旱灾脱不了干系。我国古书上就有"旱极而蝗"的记载。造成这一现象的原因主要是，蝗虫是一种喜欢温暖干燥的昆虫，干旱的环境对它们的繁殖、生长发育和存活有很大的好处。

干旱使得蝗虫大量繁殖，迅速生长，最终酿成灾害。相反，多雨和阴湿环境则对蝗虫的繁衍有很多不利的影响。蝗虫取食的植物含水量高会直接延迟蝗虫的生长和降低其生殖力，另外，多雨阴湿的环境还会使蝗虫间流行疾病，还有蛙类等天敌的增加，也会增加蝗虫的死亡率。

当蝗虫后腿的某一部位受到触碰时，蝗虫就会改变独来独往的习惯，变得喜欢群居。蝗虫很胆小、喜欢独居，所以危害也是有限的。但它们一旦喜欢群居生活，集体迁飞就形成了令人生畏的蝗灾，会对农业造成极大的损害。

扩展阅读

台湾稻蝗俗称蚱蜢，是植食性昆虫，大部分不挑食。台湾居民又称它们为草螟仔，有首民谣《草蜢弄鸡公》，歌词描绘的是这种小昆虫与大公鸡相互逗弄的情形，这在台湾早年乡间常见，也是最有趣的画面。"蝗虫过境"是大家耳熟能详的灾难情境。

蝗虫家族的另一位成员——棱蝗，习惯栖息于潮湿裸露的地面，主要食物是苔藓类植物。它有典型的保护色，在草丛中有绝佳的隐身效果，后脚粗壮发达，有良好的弹跳力。其交配行为和其他昆虫相比，较为有意思，它们交配的时间比较久。因此雌下雄上、夫妻档的画面屡见不鲜。

↓蝗虫

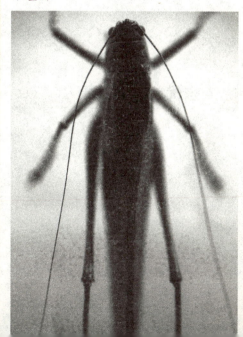

金琵琶
——姿态优美的鸣叫者

☆ 门：节肢动物门
☆ 纲：昆虫纲
☆ 目：直翅目
☆ 科：丛螽科

金琵琶有南金钟、宝塔铃等好几个名字，也是大自然中一种长得很漂亮的、会鸣叫的昆虫。金琵琶体长2厘米左右，黄褐色的身体，其体形看上去就像一只小巧玲珑的金色琵琶。金琵琶不但身形像琵琶，而且它还会发出"金、金、虫吉蛉"的鸣叫声，这声音像极了弹拨琵琶的声音。

姿态优美的金琵琶

金琵琶体形美观，鸣声独特，像蝉、蛐蛐一样，其美妙的声音总会让人流连忘返。金琵琶头小尾尖，前翅宽而大，略呈棱形。雌虫和雄虫外形则不太一样，雌虫较肥大，其样子看上去像土蝗。它后肢健壮有力，善于爬行、跳跃，附着力较强，在草丛中蹦跳灵活。

头部背方和前胸背板上有一深色纵纹；翅枝略显透明，并有深色斑点，眼部略具有横纵花纹。

独特的金琵琶喜欢选择在干燥的草地上或芦苇丛中栖息。以植物草叶为生，不吃荤，也从来不会爬上树头。它总是静静地伏在草丛下部，到夜晚鸣叫时才会爬到草丛中的上部歌唱。

金琵琶不仅鸣叫声好听，而且姿态也是颇为优美的，它鸣叫时双翅上翘60余度，露出背部的白色后翅，美丽极了。

习性独特的鸣叫虫

金琵琶虽然不会爬上树头，但是鸣叫的时候则会爬到草本植物较显眼的地方。白天，雄虫大多栖息于草丛中的草根部，这也可能是为了让听到它叫声而前来的雌虫容易找到它的缘故吧。

受到惊扰的金琵琶，会迅速跳进草丛，潜伏不动，以求躲过危机。要是继续受到骚扰，就会蹦跳着逃走。

但几分钟后，觉得没有危险时，又会再次爬上高处，重新开始它独特而富有韵味的鸣叫。

金琵琶的栖息场所与它的噪音是否优美有很大的关系。生活在阳光充足、草丛茂盛、地势高且干燥地方的金琵琶，其鸣声大多就是清脆嘹亮，而且会长时间不哑。而生活在林荫下、草丛中或低洼潮湿地方的金琵琶，声音则低沉不清脆，而且虫体小，没有光泽，体质也会比较差。

你知道如何辨别金琵琶的优劣吗？

优质的金琵琶，体形较大，触须和尾须齐全，前翅宽阔而圆大，后翅伸出尾部较长，颜色则为深褐，且越深越好。可满足玩赏者的需要。身材大、后翅长者体格强健，生存时间则较长。前翅圆大，颜色深褐的好处则是鸣声嘹亮，且久鸣不哑。而质次的金琵琶则身体瘦小，翅质薄而发白，这类虫声音资质不太好，时间长一些就会沙哑，如果遇到空气潮湿的下雨天，鸣声则更加低哑，很不好听，就会失去鸣听的价值。

↓金琵琶

纺织娘
——因声得名的纺织虫

☆ 门：节肢动物门
☆ 纲：昆虫纲
☆ 目：直翅目
☆ 科：螽斯科

纺织娘是螽斯科纺织娘属的一种中型昆虫，是重要的鸣虫之一。为植食性昆虫，因此属害虫一列。纺织娘在我国分布很广，以东南部沿海各省最多，同时，在亚洲许多其他国家也分布广泛。

古怪的"沙沙"声

纺织娘一般体形较大，体长为50～70毫米，很像一个侧扁的豆荚。它的头较小，前翅较发达，其宽度超过底部，翅的长度为腹部长度的2倍，上有呈纵向排列的黑色源斑。

雄虫的翅脉相近于网丝状，上有2片透明的发声器；其黄褐色的触须细长如丝，长可达80毫米；后腿长而大，且健壮有力，具有很强的弹跳力，可将身体弹起，向远处跳跃。

雄性的前肢摩擦能发出声音，每到夏秋季的晚上，常在野外草丛中听见纺织娘发出"沙沙"或"轧织、轧织"的声音，很像是古时候织布机发出的声音，"纺织娘"的称号也由此得来。

↓ 纺织娘

庞大的生物家族——昆虫

独特的生活习性

纺织娘喜欢安静的生活环境，白天它会静静地伏在瓜藤的茎、叶间，晚上出来摄食、鸣叫。纺织娘不喜欢强烈的光线，喜欢栖息在凉爽阴暗的环境中。雌虫将卵产在植物的嫩枝上，常会造成嫩枝新梢枯死。纺织娘一年繁殖一代，以卵越冬。

纺织娘的小小俱乐部

纺织娘有多种体色，有紫红、淡绿、深绿、枯黄等。其中，紫红的比较少见，属于珍贵品种，这类俗称"红娘"或"红纱娘"；淡绿色的称为"翠纱娘"；而深绿色的则叫"绿纱娘"或"绿娘"；枯黄色的叫"黄纱婆"或"黄婆"。多种多样的颜色对应着千奇百怪的名字，非常有趣。

从纺织娘的体形上来看，体大者较好。因为体大的本身发育就很好，鸣声也好。从身体结构上看，以头小、翅宽、背部发音镜宽者及复翅后半部极扁者为好，因为这类的鸣声较为洪亮且高亢有力，持续时间相对来说也比较长。

扩展阅读

其实捕捉纺织娘并不困难。首先，我们要根据它的声音去寻找，而且纺织娘在鸣叫的时候，复翅会抖动，里面白色的内翅就会露出来，有些纺织娘还会一边鸣叫一边缓缓地移动，这就给捕捉者创造了更有利的机会，更容易被捕捉者发现了。另外，还有一个容易被捉的原因就是纺织娘的行动缓慢、笨拙，且受到惊扰时不会飞起来，往往只是轻轻地跳一下，惊动不大的话，它还会继续鸣叫。

不过抓捕纺织娘的时候，要轻轻地，不要用力过猛，因为这样会很容易把它的长腿碰断。因此，比较可靠的方法就是用纱网捕捉，或用大口的玻璃瓶，捕捉时将瓶口对准它的头部前方，另一只手将其推送进瓶内就行了。

第 六 章

脉翅目、螳螂目——
神奇的两大家族

　　脉翅目和螳螂目是昆虫纲中神奇的两大家族。说它们神奇是有根据的，先来瞧瞧脉翅目这一家子吧。脉翅目一族在昆虫王国中有好听的名字，如小巧玲珑的水上仙子——水蛉，有在家族中呼风唤雨独树一帜的小粉蛉，还有形态美丽的"职场杀手"小草蛉等。它们体形小，不是很强势，却可以在险恶多奇的大自然中世代生存着，你不觉得这本身就是一个奇迹吗？说起螳螂，我们也并不陌生，螳螂本领很大，它是昆虫界中深藏不露的"杀手"。螳螂界中有堪称最完美昆虫的兰花螳螂，这是一种与兰花相似度很高的昆虫，它如果躲在兰花里，你会不知道它是花还是虫，很有趣吧！

水蛉
——会唱歌的水上仙子

☆ 门：节肢动物门
☆ 纲：昆虫纲
☆ 目：脉翅目
☆ 科：水蛉科

水蛉是一种轻盈的昆虫，拥有一身美丽的棕色，像是穿着一身棕色的婚纱，又像是一个在天空中翩翩起舞的天使。漂亮的水蛉既是可爱的美丽天使，也是有才的音乐家，它的鸣叫声非常悦耳清脆。

小小水蛉的生命轨迹

水蛉的身体非常小巧，相比其他的昆虫来说，水蛉应该是属于"小巧玲珑"型的。刚刚被成虫生产下来的小水蛉是以卵的形式存在的，很轻盈的卵漂浮在水面上随着水面的起伏而不断地飘摇，水蛉的卵往往是很多团在一起成块状出现的。有时候这些小小的卵块也依附在水中的丝网上，依靠着小小的丝网到处游玩。

随着水流漂流一段时间后，小小的水蛉开始慢慢成长，从卵壳的保护中走出来。幼年的水蛉是水生，一般是生活在水上，靠淡水海绵和藻类为生，自小便离开父母保护的水蛉都是自己采食以满足自己不断生长的需要。

当小水蛉慢慢再长大一点后，就离开了它从小生存的水面，寻找一个安全的地方，开始了自己第二阶段的重要蜕变：离开水面后的水蛉开始织一个厚重的茧，慢慢化蛹，在蛹内逐渐长大后，慢慢破茧而出，成为一个真正的成年水蛉。成年水蛉分布于世界各国有海绵的地方，因为它们仍然是依靠海绵生存的。

美丽的浮游昆虫

水蛉是小型昆虫，即使是成年的水蛉体格也比较小巧。成年后的水蛉一般生活于水边，水蛉不像其他昆虫那样喜欢整天生活在暗无天日的地下，水蛉生性喜欢阳光。

小小的水蛉翅膀仅有3～7毫米长，形状看着与褐蛉有些相似。头部的触角

庞大的生物家族——昆虫

像念珠一般，长度约为翅长的一半。

水蛉的前胸短宽，在中后胸具有发达的小盾片；由于水蛉一般是漂浮在水面上或者生活在水中，因此它们的足部进化比较简单，前足基节较长。水蛉拥有两对漂亮的翅膀，两对翅膀的长相有些相同，长得像小时候的蛉卵一般，翅脉和翅缘具大毛，翅外缘具缘饰，翅痣不明显；阶脉很少，腹部大部分为膜质。

小巧玲珑的水面音乐家

水蛉是自然界中鸣叫相对来说比较好听的昆虫，它们的叫声清脆明亮，在河边经常会听见水蛉的歌唱，悦耳动听。

水蛉的数量很多，一般成年的水蛉经常聚集在一起共同演奏着一曲曲美妙的曲子。目前就国内来说，以江苏和浙江的水蛉声最为悦耳清脆、动听悠扬。

水蛉生存时间并不是特别长，因此它们的音乐往往也并不能持续太长的时间，这有些令人遗憾。但是它们往往是一群群地生存在一起，合唱着一曲又一曲对自然和生命的赞歌。

知识链接

水蛉一般生活在中国中北部和南方，在这之中又以江苏、浙江最多，世界上目前已知的水蛉大概有40多种，在我国国内目前已发现10多种，在我国很多地方都有水蛉的身影，伴随着的是令人陶醉的鸣叫。

↓ 水蛉

草蛉

——形态美丽的灭虫能手

☆门：节肢动物门
☆纲：昆虫纲
☆目：脉翅目
☆科：草蛉科

　　夏天的田野，常常会看到一个绿色柔软的小身影，它长着四个宽大而透明的翅膀，在半空中缓慢地飞翔，它就是著名的灭虫能手——草蛉。草蛉是一类捕食性昆虫，在全世界已知有86属共1350种，它们分布在中国南北各地。由于草蛉是捕食害虫的重要能手，因此人们广泛地开展了人工利用草蛉消灭害虫的工作。

长相美丽的小草蛉

　　小巧玲珑的草蛉体形细长，长约10毫米，身体呈淡绿色；有金色闪光的复眼；翅较宽阔，透明状，看起来就像一个绿莹莹的小精灵，美丽极了。

　　草蛉常飞翔于草木间，通常选择在树叶或其他平滑的光洁表面上产卵。卵为黄色，有呈丝状的长柄。幼虫为纺锤状，在树叶间捕捉蚜虫为食，有"蚜狮"的称号。

厉害的"蚜狮"

　　草蛉是完全变态昆虫，一生中有卵、幼虫、蛹和成虫四种不同的形态，卵期和蛹期的草蛉是不能取食的，幼虫和成虫时期则为捕食的主要时期，也是消灭害虫的主要时期。

　　草蛉幼虫长得很丑陋，但捕食极其凶猛，"蚜狮"称号就由此而来。草蛉十分活跃，虽然没有翅膀，却能不停地在植物上爬行，到处寻找害虫捕食。

　　草蛉捕食害虫或虫卵，主要的武器是生在头前方的上、下颚，当发现目标后，就会张开上、下颚，紧紧地夹住目标，然后用身体里的消化液将其溶解，而溶解的液体又能马上被草蛉吸到肚子里，剩下的害虫就只是一个空壳了。每只草蛉一天最多可以吸食一百条蚜虫。

成虫阶段的变化

有"蚜狮"之称的草蛉幼虫有像吸管的口器和发达的脚，捕捉蚜虫等软体昆虫并吸食其液体。幼虫连续取食两周后，在叶背面织一个珠形的丝茧，用以化蛹，在成虫破蛹而出前，蛹期为两周。

草蛉的成虫时期，有的就从食肉性变成植食性了，它们像蜜蜂和蝴蝶一样，飞舞在花丛中，吸食植物的花粉和蜜露，这时的草蛉就失去了消灭害虫的能力。还有另一些种类的草蛉则坚持肉食习性，仍以害虫为食，像大草蛉、丽草蛉等，平均一天仍能吃一百多只蚜虫。

漂亮的绿草蛉

绿草蛉，有时又称金眼草蛉，体形细长，身体为淡绿色；眼为金色或铜色，触角长丝状；翅有网状脉，常在草丛和灌木附近穿梭飞行。

身体可以用发出的一种臭味来保护自己。雌虫能分泌出许多长丝，卵产在每根丝的顶部，用以防止成形的幼虫吃尚未孵化的卵。

91

知识链接

草蛉的卵，在昆虫中是较特殊的，除一小部分外，大部分的卵都有一条长长的丝柄，基部固定在植物的枝条、叶片、树皮等上面，而卵则是高高悬挂在丝柄的端部，这样卵就可以躲避其他昆虫的侵袭了。雌虫一般都是选择在蚜虫密集丛生的地方产卵，等到幼虫一孵出来，就能立即在附近捕食。如果周围缺少或没有蚜虫，幼虫为了生存就会凶恶地互相残杀。草蛉一生仅交配一次，却是可以多次产卵的。

第六章 脉翅目、螳螂目——神奇的两大家族

↓草蛉

粉蛉
——自然界独树一帜的小虫子

☆门：节肢动物门
☆纲：昆虫纲
☆目：脉翅目
☆科：粉蛉科

粉蛉是一种美丽的小昆虫，一身白色蜡粉外衣，令人着迷。身披白色蜡粉，这也是其被人类称为粉蛉的原因。

个头小小的粉蛉

粉蛉属于昆虫中的脉翅目，其体形较小，可以说是昆虫纲脉翅目中体形最小，又最为特殊的一个群体。在粉蛉的身体和翅膀处都会有白色的蜡状粉末覆盖着，因为前后翅膀都比较相似，因此使得粉蛉的翅脉比较简单，它的纵脉最多不会超过10条，而且到翅膀的边缘后也不会分叉，翅膀前缘的横脉就更少了，最多不会超过两条。

小粉蛉有两个长长的像念珠一样的触角，在脑袋前面高高地翘着，

与它小巧美丽的身影形成了强烈的反差，但是伫立着的两只触角却好像在对别的昆虫说："别看我个头小，但是我力气大着呢。"

粉蛉也有雌雄之分，但是雄性粉蛉和雌性粉蛉的外貌差别不是太大，主要是它们的生殖器不太一样，比如雌性粉蛉的生殖器处骨头相对于雄性粉蛉来说显得特别脆弱，结构也比雄性粉蛉要简单很多。

粉蛉的生长史

成年雌性粉蛉会找些雄性粉蛉交配进行繁殖后代，交配后的雌性粉蛉过一段时间会产下很多的粉蛉卵。粉蛉的小卵是椭圆形的，看上去有点扁扁的，而且十分漂亮，在卵上分布了很多网状的花纹，在卵的一端有一个小小的受精孔。

随着时间的推移，卵里面的小虫慢慢地从卵里面钻了出来，好奇地看着这个自己以后将要生活的五彩缤纷的世界。幼年时候的粉蛉身体是非常可爱的，呈扁圆形，两端尖尖的，像

庞大的生物家族——昆虫

只小小的船儿。这时候的小粉蛉就已经开始要长出自己的触角了，幼年的粉蛉触角只有两节。

幼年时期的粉蛉已经有了成形的上颚和下颚，但是上下颚组成的吸管会被唇基和下唇包围着，而下唇须有两节，呈小棒状。

再过上一段时间，小小的粉蛉就长大了，这时候粉蛉就要开始到处活动，身体上也开始长出白色的蜡粉。它四处招摇，似乎想努力成为这个自然界中一道亮丽的风景线。

动范围相对于其他昆虫也是比较广泛的。在世界上各个地方均有粉蛉的活动足迹。在我国，粉蛉也可谓是遍布大江南北。

粉蛉是昆虫种类中比较有个性的一支，即使是在脉翅目昆虫的系统进化中，也起着至关重要的作用。在我国河北、山西、山东等很多地方都发现了粉蛉的生存迹象。粉蛉往往栖居在果树和林木之间，喜欢在白天出来活动，晒晒太阳，向美丽的大自然展现自己轻盈窈窕的身影。

93

第六章 脉翅目、螳螂目——神奇的两大家族

粉蛉的活动地盘

粉蛉是粉蛉科最大的一族，其活

↓粉蛉

蚁狮
——聪明的"食肉虫"

☆ 门：节肢动物门
☆ 纲：昆虫纲
☆ 目：脉翅目
☆ 科：蛟蛉科

蚁狮是蚁蛉的幼虫，蚁狮无论是成虫还是幼虫都是肉食性昆虫，依靠捕食其他昆虫为生，可以说是昆虫界少有的"肉食主义者"。蚁狮的幼虫生活在干燥的地表下，因此极容易在沙质的土壤中造成旋涡状的漏洞，从而形成小小的塌陷，并且利用这小小的塌陷进行捕食。蚁狮是一种很聪明的小昆虫。

绰号大揭秘

蚁狮有着很令人发笑的俗称，那就是"土牛""沙猴"，有时候也被人们称为"沙王八"。蚁狮外貌有点像蜘蛛，之所以称蚁狮为"沙王八"，就是因为蚁狮的身体颜色一般和沙土相近，头部比较小，却有一对大大的触角。和别的小昆虫比起来，

蚁狮还有一个与众不同的地方，那就是别的昆虫走路都是向前看向前走，它却是向后走，因此又被人称为"老倒"。

蚁狮的头部较大，呈一个小小的方形，有个镰刀状的大颚；前胸形成一可动的颈；腹部成卵形，沙灰色，有鬃毛。

当蚁狮的幼虫成熟后，就用沙土和丝做球状茧而化蛹。成年的蚁狮头部触角成短棒形，翅膀窄小而且脆弱，一般翅膀上覆盖着褐色或黑色斑纹。

在冬季，聪明的蚁狮是不外出取食的，所以幼虫必须要储备足够的食物以维持成体的生命。成年的蚁狮会在夏天的尾声而走到生命的尽头，死后蚁狮的身体会慢慢羽化。

目前全世界大约已知的蚁狮种类为65种，广泛分布于北美、欧、亚各地，其中英国是截至目前没有发现蚁狮的国家。我国有多种蚁狮，主要分布在新疆、甘肃、陕西、河南等省区。

聪明的捕食者

蚁狮是非常聪明的小昆虫，它们在捕食的时候会在沙地上一边旋转一边用头向下钻，在沙上做成一个漏斗状的陷阱，自己则躲在漏斗最底端的沙子下面，并用大颚把沙子往外弹抛，使得漏斗周围平滑陡峭。

当蚂蚁或小虫爬入陷阱时，会因沙子松动而下滑，这时蚁狮会不断向外弹抛沙子，使受害者被流沙推进中心，然后蚁狮就用大颚将猎物钳住，用其尖锐的大小颚所砌合成的吸管，将猎物刺吸而死。一般成年蚁狮都会利用它们聪明的大脑来捕食蝇、蚊子、蚂蚁等。

知识链接

成虫后的蚁狮叫"蚁蛉"，通体暗灰色或暗褐色，翅透明并密布网状翅脉。头部较小，但有一对复眼发达并向两侧突出，口器为咀嚼式，腹部细长。成虫体长23～32毫米，展翅52～67毫米，在静止状态时，两对翅自胸部背面向体后折叠呈鱼脊状，覆盖体背直到腹部末端。蚁蛉多属中或大型昆虫，形似蜻蜓。蚁蛉的触角较短，呈棒状，且尖端逐渐膨大并常稍弯，翅脉的翅痣下方均有一狭长的翅室。

↓ 正在掘洞的蚁狮

斑石蛉
——长相奇怪的大型昆虫

☆门：节肢动物门
☆纲：昆虫纲
☆目：脉翅目
☆科：鱼蛉科

斑石蛉是一种长相奇怪的大型昆虫，光看外貌与蜻蜓相似，因此很多人经常错误地将斑石蛉看做是"变异的蜻蜓"，这实在是给斑石蛉戴了一顶"高帽子"。其实斑石蛉也仅仅是外貌与蜻蜓相似而已，在生物关系及分类上和蜻蜓是没有任何亲缘关系的。

斑石蛉奇特的外貌

斑石蛉是脉翅目鱼蛉科中的大型昆虫，在昆虫家族中，斑石蛉的个头都是榜上有名的。成年的斑石蛉从头至翅膀尾部的长度一般会在40～55毫米，除了已知的蜻蜓类的昆虫比斑石蛉的体格大点之外，很少有其他同类昆虫在长度方面超过斑石蛉的。

斑石蛉的外表一般是黄褐色或者黑褐色，这就使得它们在捕猎时往往容易隐藏自己的身影，给猎物来个突然袭击。

斑石蛉的前胸呈背板长方形，前胸相对于其他的身体部位来说颜色比较浅，在翅膀上有很多奇怪的灰色圆癍和碎斑纹。雄虫和雌虫之间也存在着一些不同，虽说雌雄虫都有触角，但是雄虫的触角成齿状，雌性的触角一般都呈丝状。

由于斑石蛉的头部拥有两个细长的触角，端部膨大呈球棒状，与蝴蝶触角相似，而其细长的身子又和蜻蜓相似，因此斑石蛉常常会被误认为是蜻蜓，或者是蜻蜓和蝴蝶的杂交品。其实斑石蛉和蝴蝶、蜻蜓都是没有任何血缘关系的，虽然有人称之为"蝶角蛉"。

斑石蛉的复眼大而且非常突出，斑石蛉的头部和胸部有很多密集的长毛；它的腿短小而多毛；胫节有一对发达端距；翅膀多且呈网状，翅痣下无狭长翅室；腹部多狭长，有些种类雌虫腹部短浅。

斑石蛉的长相奇特，相比于其

他的同类，斑石蛉往往更容易伪装自己，使自己的生命得到最大的保护，并且利用这个伪装为自己捕食。

候，猛然发动袭击，这常使自己的猎物会手足无措。

喜光的隐身杀手

斑石蛉是比较大型的昆虫，通常白天不出来活动，而是躲在树叶或者是阴影后面休息。在漆黑的夜晚，斑石蛉喜欢向着有光的地方爬行，因为斑石蛉喜光。

其一身都是灰色圆癍和碎斑纹，因此在大自然中略占优势，有着很好的隐身效果。斑石蛉是食肉性昆虫，因此这身美丽的外衣成了捕获其他昆虫的杀手铜。斑石蛉总是静静地趴在那儿，潜伏着，当别的昆虫从它身边经过的时

斑石蛉的活动区域

斑石蛉的成虫往往喜欢在夏季出现，一般生活在低、中海拔山区的溪流附近，因为这种环境有利于斑石蛉的生存。

相对于成虫来说，斑石蛉的幼虫更擅长隐藏自己，经常以碎屑来隐藏自己的身体，藏在树皮或者是树叶下面，静静等待着猎物的来临，其一般分布在热带及美国的南部和西南部。

在我国斑石蛉主要分布在广西、贵州等很多地方。

↓斑石蛉

螳螂
——凶猛的捕食专家

☆ 门：节肢动物门
☆ 纲：昆虫纲
☆ 目：螳螂目
☆ 科：螳螂科

你有没有仔细观察过螳螂？其实螳螂长得很漂亮，它有纤细优雅的好身材，淡绿的体色，有一双轻薄如纱的长翼。螳螂的颈部是柔软的，可以自由地朝任何方向扭动。

长相奇特的螳螂

螳螂是一种中型昆虫，除极地外，广布世界各地，尤以热带地区种类最为丰富。中国已知约51种。其中，南大刀螂、北大刀螂、中华大刀螂、欧洲螳螂、绿斑小螳螂等是中国农、林、果树和观赏植物害虫的重要天敌。

螳螂头呈三角形，活动自如，复眼大而明亮，几乎占头的一半，一对细长的触角；颈可以自由转动。最让人奇怪的是它的镰刀状的前肢，向腿节呈折叠状，以便捕捉猎物。前翅皮质，为覆翅，缺前缘域，后翅膜质，臀域呈扇状，休息时叠于背上；腹部肥大。

螳螂一般生活在草丛中，以独特的拟态，宽者似绿叶红花，细者长如竹叶，可以不被猎物注意到。

深藏不露的"杀手"

螳螂在大自然中是很凶猛的，也是深藏不露的。一般在休息、不活动的时候，它只是将身体蜷缩在胸坎处，看上去给其他昆虫一种特别平和的感觉，不会有那么大的攻击性。甚至会让你觉得，这是一个可爱温和的小昆虫。

但事实并非如此。只要有其他的昆虫从它们身边经过，无论是无意路过，还是有意地侵袭，螳螂的那副温和的容貌便会一下子烟消云散，立刻擒住身边的过路者，而那个可怜的过路者，还没有完全反应过来，就成了螳螂利钩之下的俘虏了。

庞大的生物家族——昆虫

猎物被重压在螳螂的两排锯齿之间动弹不得。然后，螳螂很有力地把钳子夹紧，过路者就成了它的囊中之物了。

无论是蝗虫还是其他更加强壮的昆虫，都无法逃脱螳螂锯齿的宰割。螳螂可真是个凶狠的"杀手"啊！

扩展阅读

螳螂的习性凶猛，个性好斗，不仅是对外族，同类之间也相互残杀。不仅大吃小，而且雌吃雄，都是很正常的。所以雄螳螂又被称为"痴情丈夫"。甚至是在交配的时候，这种"凶杀"都是存在的。交配的时候，雌螳螂会回过头来，啃雄螳螂的头部，然后一口口将雄螳螂吃个精光，奇怪的是，雄螳螂却不作出任何反应，一点都不抵抗，任其为所欲为。表面看起来的确很残忍，实际上是雌螳螂在交配之后，急需补充大量营养，来满足腹中卵粒的成形，以及制作用来包缠卵粒的大量胶状物质。因此可以说，雄螳螂是在用自己的生命换取子女的生命。

小螳螂出世时能把卵内的膜衣带出鞘外，然后破衣而出，并牵丝下垂。先孵出的便顺丝而上，离开卵鞘。这样的好处是可以避免天生有食肉习性的兄弟姐妹互相残杀。

↓螳螂

视觉天下

第七章

其他种类的昆虫——千奇百态的昆虫大聚会

本章向大家介绍的都是昆虫界中的名角：有家喻户晓的大自然最神奇的歌唱家——蝉；有代表昆虫王国参加"奥运会"的水上滑行冠军——水黾；有自然界中最值得钦佩的"土筑英雄"——白蚁；还有号称昆虫伪装界中的"老大"——竹节虫。让我们一起来欣赏与感受大自然的精彩纷呈吧！

蝉
——大自然的歌唱家

☆ 门：节肢动物门
☆ 纲：昆虫纲
☆ 目：同翅目
☆ 科：蝉科

你仔细聆听过大自然的声音吗？你注意过蝉的嘹亮歌声吗？

夏天里总会有蝉清脆明亮的歌唱声，像是歌唱世界、歌唱生活。你听，"知了知了"，无数蝉声汇集，大合唱一般。有了蝉，夏天便有了活力。

"知了"的世界

蝉又叫知了，幼虫期叫蝉猴、爬拉猴、知了猴、结了龟或蝉龟，是同翅目蝉科的中大型昆虫，体长2～5厘米，有两对膜翅，头部复眼发达而突出，单眼3个。触角为刚毛状，有6至7节，口器为刺吸式，长有尖而发达的喙，翅两对膜质坚强而易破碎，前胸大而且宽阔，中胸更大，上有瘤状突起，前腿节膨大，下方有齿。

蝉生活在树上，幼虫生活在土里，多分布在热带，栖于沙漠、草原和森林。生活在树上的蝉有一个针一样的长嘴，能插入树枝吸取汁液。生活在土中的幼虫，靠吃树的嫩根生存，也能吸取树根液汁，对树木有害，蝉就是通过吸取汁液来延长寿命的。然而蝉蜕下的壳却可以做药材。

蝉的演艺生涯

蝉是大自然美妙的音乐家，自古以来，人们对蝉最感兴趣的莫过于它的鸣声。诗人墨客们为它歌颂，借以咏蝉声来抒发高洁的情怀，还有人用小巧玲珑的笼装养着蝉放在房中听它的声音。

无论什么时候，蝉一直不知疲倦地用轻快而舒畅的调子，不用任何乐器伴奏，就可以为人们高唱一曲又一曲轻快的蝉歌，为大自然增添了浓厚的情意，因而它被人们称为"昆虫音乐家""大自然的歌手"。

蝉的家族中的高音歌手是一种被称做"双鼓手"的蝉。它的身体两侧

庞大的生物家族——昆虫

有大大的环形发声器官，身体的中部是可以内外开合的圆盘。圆盘开合的速度很快，抖动的蝉鸣就是由此发出的。这种声音缺少变化，不过要比丛林中金丝雀的叫声大得多。

用声音传递感情

蝉可以用它的声音传递不同的感情，每种雄蝉可发出3种不同的鸣声：集合声，受每日天气变动和其他雄蝉鸣声的调节；交配前的求偶声；被捉住或受惊飞走时的粗粝鸣声。

雄蝉的鸣声特别响亮，并且能轮流利用各种不同的声调激昂高歌。而雌蝉因为乐器构造不完全，不能发声，所以它是"哑巴蝉"。雄蝉每天唱个不停，并不是为了引诱雌蝉来交配的，因为雄蝉的叫声，雌蝉根本听不见。

知识链接

你知道为什么雄蝉会鸣叫吗？

这是因为蝉肚皮上有两个小圆片，叫"音盖"，音盖内侧有一层透明的薄膜，叫瓣膜，雄蝉嘹亮的歌声其实是瓣膜发出的声音，人们用扩音器来扩大自己的声音，音盖就相当于蝉的扩音器一样，来回收缩以扩大声音，就会发出"知——了，知——了"的叫声，会叫的是雄蝉，雌蝉的肚皮上没有音盖和瓣膜，所以雌蝉不会叫。

更有趣的是，蝉能一边用吸管吸汁，一边用乐器唱歌，饮食和唱歌互不妨碍。蝉的鸣叫能预报天气，如果蝉很早就在树端高声歌唱起来，这是在告诉人们今天是个大热天。

↓蝉

水黾
——轻巧的水面滑行冠军

☆门：节肢动物门
☆纲：昆虫纲
☆目：半翅目
☆科：水黾科

水黾俗名又叫"水母鸡"，喜欢生活在平静的池塘里，它有很强的水上本领。它可以依靠水面的张力，用它那四条细如长针的腿脚，就可以地在水面上行走自如。

小巧可爱的冠军

小水黾整体看起来显得非常小巧可爱，它身体细长，整个身子很轻盈；它的前脚短，但是可以用来捕捉猎物；而中脚和后脚则很细长，上面长着具有油质的细毛，不要觉得这些细毛只是为了好看，其实不是，这些油质光滑的细毛具有很好的防水作用。

水黾是水上的滑行冠军，其体色为黑褐色，体长约有22毫米，轻盈的身体就像一截细麻秆，修长的腿让它可以

立在水面并且急速飞行。它站立在水面的技巧，运用了丰富的力学原理，在人类看来它极其微妙的身体结构、运动原理，于它根本不值一提。水黾只管尽情享用其轻盈曼妙的天资。

小小水黾学问多

水黾在我国南方部分地区常年可见，它是一种在湖水、池塘、水田和湿地中常见的小型水生昆虫，种族通常是群栖的。

当水黾若虫经过蜕皮变成成虫时，经常可以看到它们有交尾的情形。成虫在交尾时，总会有不懂事的小水黾在旁边捣乱，尽管它什么都不懂。交尾时雄虫会爬到雌虫上方约30分钟，当水黾的成虫交尾后，雄虫的工作便完成了，雌虫的主要工作便是产卵了。

雌虫通常会把卵产在植物或水下的枯枝败叶上，卵孵化后的若虫就会先沉入水底，过不了多久就会又浮向水面，随着其他个体自由活动，在水面上活动的速度很快。雌虫产卵后不

庞大的生物家族——昆虫

久就会死去。

　　水黾以落水的小虫体液或死鱼体为食。吃食的时候，嘴呈管状，以吸为主。

水上滑行的秘密

　　水黾的种类不同，大小也不一样，一只中等大小的水黾重约30毫克，比水还轻。所以，它在水面上行走时，不会沉入水中。

　　此外，水黾足的附节上，还长有一排排不沾水的毛，与足接触的那部分水面会下凹，但它的足尖是不会冲破表面张力的。

　　水黾长有三对脚，这三对脚的分工也很明确。前脚是用来捕食的，中脚用来在水面上拨动以助前行和跳跃，后脚则用来在水面滑行，三足并立，这样它就可以在水面上行动自由了。

　　但如果往水里面加入一点中性洗涤剂，削弱水的表面张力，这时，走在水面上的水黾足上的毛就会被沾湿，脚就会冲破表面张力而穿入水中，这样水黾就会沉入水中。

知识链接

　　水黾还有"池塘中的溜冰者"的光荣称号，因为它不仅能在水面上滑行，而且还会像溜冰运动员一样能在水面上优雅自在地跳跃和玩耍。它的高明之处就在于，它既不会划破水面，也不会浸湿自己的腿。水黾对人类无害，反而能捕杀害虫或成为鱼类的食饵。

↓水黾

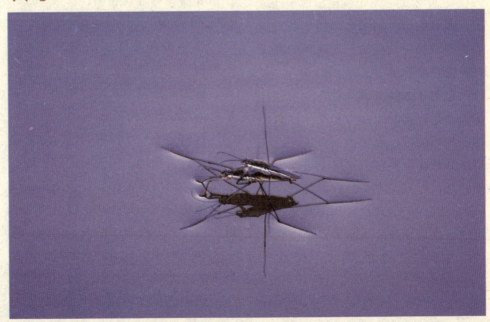

蟑螂
——无处不在的"偷油婆"

☆门：节肢动物门
☆纲：昆虫纲
☆目：蟑螂目
☆科：蟑螂科

昆虫界的活化石

　　蟑螂是这个星球上最古老的昆虫之一，曾与恐龙生活在同一时代。考古学家根据化石证据显示，原始蟑螂约在4亿年前的志留纪就已出现于地球上。而我们所见到的蟑螂的化石是从煤炭和琥珀中发现的，与现代的并没有多大的差别。

　　亿万年来蟑螂的外貌并没发生什么大变化，但其生命力和适应能力却越来越顽强，一直繁衍到今天，已经广泛分布在世界各个角落。更值得一提的是，一只没有头的蟑螂可以存活9天，然而9天后死亡的原因则是过度饥饿。这么顽强的生命力，难怪它有"昆虫活化石"之称。

多姿多彩的习性

　　蟑螂又有"偷油婆""香娘子""滑虫"等称呼，其体扁平，黑褐色，通常中等大小。头小，能活动。触角呈长丝状，复眼发达。翅平，前翅为革质，后翅为膜质，前后翅基本等大，覆盖于腹部背面；有的种类没有翅膀，不善于飞翔，却跑得很快。

　　蟑螂喜欢选择温暖、潮湿、食物丰富和多缝隙的场所栖居，凡是有人生活和居住的建筑物内，一般都成了蟑螂的活动场所。

　　喜暖爱潮是蟑螂的重要习性。不难发现，蟑螂无处不在，不管在饭店、家中，还是在火车、轮船上，厨房是受害最严重的场所。

　　蟑螂还有一个重要习性就是喜暗怕光，昼伏夜出。白天它们都隐藏在阴暗避光的场所，比如一些角落或墙壁的缝隙中。一到夜晚，就会特别活跃，或觅食，或寻求配偶。因而，在一天24小时中，约有75%的时间都是处于休息状态。

　　蟑螂还有群居的习性。常可发现

在一个栖息点上，总是少则几只，多则几十、几百只聚集在一起。蟑螂栖居的地方，常可见它们粪便形成的棕褐色粪迹斑点，粪迹越多，蟑螂聚集也越多。

蟑螂之最

世界最重的蟑螂是澳洲犀牛蟑螂，重30克，相当于3只成年蓝冠山雀的重量；世界最小的蟑螂是北美的一种蟑螂，只有3毫米长，仅比红蚂蚁稍长一点。

最会叫的蟑螂是马达加斯加岛的"嘶嘶"蟑螂。这种非洲蟑螂身长七八厘米，厚度约为2.5厘米。当碰到这种蟑螂时，它们会"嘶嘶"作响。更有意思的是，这种蟑螂还有幸搭乘过"太空旅馆"二号试验舱——"起源二号"，2007年6月29日由俄罗斯火箭发射升空并顺利进入预定轨道，前往太空以帮助人类完成科学实验。

↓蟑螂

扩展阅读

你知道蟑螂能无头存活的秘密吗？蟑螂没有头，也依然可以存活一个星期，这是为什么呢？

如果人类被砍掉头，马上就会流血致死，呼吸会立刻停止，更别提吃东西了。但是蟑螂就不同了，它没有像人类一样的庞大的血管网络，也不需要很高的血压，它们拥有一套开放式的、不需要太高血压的循环系统。当你砍掉它们的头，它们脖子的伤口会因为血小板的作用而很快凝固，不至于血流不止。加上它们不需要通过大脑来控制呼吸功能，血液也不用运输氧。而且，蟑螂呼吸通过气门，也就是它们每段身体上的小孔。它们只需要通过气门管道就可以直接呼吸空气，就可以存活了。

虱子
——随处可见的寄生虫

能和苍蝇一起被人们厌恶的，大概就数虱子了。虱子和苍蝇一样随处可见，且都臭名昭著，因为它们都危害着人类的健康。虱子是一种寄生在动物身上靠吸血为生的寄生虫。

教你分辨虱子

寄生在人体的虱子主要有体虱、头虱、阴虱三种，其中以体虱最为常见。

体虱俗称衣虱，为灰色或灰白色，头略呈橄榄形，腹长而扁，分9节，每节两侧气孔有一对，雄虱腹部尾端圆钝，雌虱尾端分叉，形似"W"形状。

头虱体色为较深黑色，体形较小，腹部边缘为暗黑色，其他与体虱相似。

阴虱则为灰白色，体宽与体长几乎相等，腹短，分节不明显，前腿细小，中及后腿粗大。

它们都是传播流行性斑疹、伤风、虱传回归热等的主要媒介。

虱子生活大揭秘

虱子是由虮子长成的，虮子为白色，椭圆形，很小，只有一个句号那么大。

虱子一生都是寄生生活，靠吸血为生，其成虫和若虫都是终生在寄主体上吸血。被寄生的主要为陆生哺乳类动物、海栖哺乳类动物，当然人类也是常被寄生的对象。可恶的虱子不仅吸血，使寄主奇痒不安，而且还会传染很多人畜疾病。

虱子大约能活6个星期，每一雌虱每天约产10粒卵，卵则会坚固地黏附在人的毛发或衣服上。小虱子孵出只需要8天左右的时间，小虱子孵出后，便会立刻咬人吸血。大约两三周后通过三次蜕皮就可以长为成虫，继续危害寄主。

被虱子咬后，人若很用力地抓痒被咬部位，有时甚至会抓破，然虱子体液内的病原体便会随抓痒而带入被咬的伤口，这样就会得病。回归热便是经此传播的。

防治回归热的方法

防治回归热最好的办法就是立刻消灭虱子。如果常用热水肥皂洗澡，并时常换洗衣服，特别注意环境卫生，身上就不会长虱子。

如果已经长有虱子，就要采用药物将其杀死。黏有虱子的衣服要用开水煮。如果毛发内长有虱子，为了控制虱子繁衍，有必要时就要把毛发剃去。

虱子总是时刻威胁着人类身体健康，所以我们都要养成良好的卫生习惯，这样才不会被虱子找到可乘之机。

知识链接

被虱子咬过后会有哪些症状呢？

首先是瘙痒，瘙痒的程度则因人而异。瘙痒是由于阴虱用爪钩刺向皮肤打洞或穿洞，虱嘴叮咬和注入唾液时才发生瘙痒。阴虱每天吸血数次，所有瘙痒为阵发性的。其次是皮疹，在阴虱叮咬处常有肉眼看不见的微孔，局部发红，有小红斑点，其上有血痂；微孔处约经5天，局部产生过敏反应，常隆起出现丘疹；然后就是在被咬处有青灰色斑，不痛不痒，压之不褪色，却可持续数月。

↓虱子

白蚁
——下雨前的土筑英雄

☆门：节肢动物门
☆纲：昆虫纲
☆目：等翅目
☆科：蚁科

在非洲的旷野上有一种奇特的建筑，高可达7米，土方几十吨，形状奇特不一，多雨地带设有防雨系统，而沙漠边缘则有高高的用来散热的"烟囱"。如果把历史上曾有过的这种建筑加起来，其面积远远超过任何一个大都市。这种伟大的建筑名叫"土堡"，更为神奇的是它们的建造者不是人类，而是小小的白蚁。

白蚁的世界

白蚁也叫"虫尉"，因其通常是在下雨前出现，所以又叫大水蚁。世界上约有3000多种，是不完全变态的渐变态类社会性昆虫，每个白蚁巢内的白蚁个体可达百万只以上。

白蚁与蚂蚁虽然统称为蚁，但有很大的区别。白蚁属于较低级的半变态昆虫，蚂蚁则属于较高级的完全变态昆虫。根据化石判断，白蚁最早出现于2亿年前的二叠纪，可能是由古直翅目昆虫发展而来的。

白蚁个体扁而且柔软，较小，通常长而圆，颜色有白色、淡黄色、赤褐色直至黑褐色；眼睛很早就退化，怕光；头前口式或下口式，能自由活动；触角呈念珠状，腹基粗壮，前后翅等长。我国宋代开始就有白蚁之名。

白蚁也分工

白蚁生活习性独特，过群体生活，群体内有着不同的等级分化和复杂的组织分工，群体之间联系紧密，相互依赖、相互制约。

工蚁在蚁群中数量最多，担任巢内很多繁重的工作，如开掘隧道、修建蚁路、采集食物、清洁卫生，还有担任"保姆"照看幼蚁、兵蚁和蚁后的职责。在无兵蚁的种类中，它们还要负责抵御外敌。

兵蚁是群体的防卫者，有雌、雄

之分，但不能繁殖。兵蚁的头部较长并且高度骨化，上颚特别发达，是用来防御的武器，不具有取食功能，食物均由工蚁饲喂。兵蚁可分为两种，一种是大颚形兵蚁，上颚可形成各种奇异的形状，就像一把二齿的大叉子；另一种象鼻形兵蚁，头可延伸成象鼻状，与敌人搏斗时，可喷出胶质分泌物，涂抹敌害。

🔹 生活环境

白蚁的生活环境与温度、湿度、空气、光线和土壤都有很大的关系。白蚁是喜温性的昆虫，气温是影响白蚁分布的主要因素。群体发达的白蚁种类，需要专门的水源供应来维持群体的水分和湿度需要。

白蚁有"黑暗中的居民"之称，原因是白蚁生活在半封闭的巢穴系统中，把群体呼吸作用所产生的二氧化碳排到巢外，就可与外界发生联系了。

因为白蚁长期在营巢内隐蔽生活，所以很多个体是怕光的。然而，

白蚁群体的扩散、发展，却离不开光亮的环境。

除木栖性白蚁与土壤不直接发生任何关系外，土木栖白蚁和土栖性白蚁跟土壤的关系都极为密切，特别是土栖性白蚁，离开土就生存不了，土栖性白蚁还对土壤的选择较为挑剔。

趣味故事

中国古代流传着这样一个故事：

临近黄河岸边有一片村庄，为了防止水患，农民们团结在一起筑建了巍峨的长堤。一天，有个老农偶尔发现白色蚂蚁窝一下子猛增了许多，于是老农心想：这些蚂蚁窝会不会影响长堤的安全呢？正要准备回村去报告，路上遇见了他的儿子。老农的儿子听后不以为然地说："那么坚固的长堤，还害怕几只小小蚂蚁吗？"随即拉着老农一起下田了，也就没把白蚁的事说出去。当天晚上风雨交加，黄河水暴涨。咆哮的河水从蚂蚁窝始而渗透，继而喷射，终于冲决长堤，淹没了沿岸的大片村庄和田野。这就叫做"千里之堤，溃于蚁穴"啊！

↓白蚁幼体

蜻蜓
——水上产卵的小昆虫

☆门：节肢动物门
☆纲：昆虫纲
☆目：蜻蜓目
☆科：蜻科

蜻蜓对于人们来说并不陌生：天气闷热欲雨时，经常会看到许多蜻蜓在空中低飞。

眼睛多的小虫子

蜻蜓是世界上眼睛最多的昆虫。蜻蜓的眼睛又大又鼓，几乎占据了整个头的绝大部分，它的每只眼睛又由数不清的"小眼"构成，这些"小眼"与感光细胞和神经连着，因此可以很清楚地辨别各种物体的形状大小。而且它们的视力也极好，不必转动它就能朝四面八方观望。

此外，它的眼睛还有一个本领，就是它的复眼可以测算速度。当一个物体在它的复眼前移动时，每一个"小眼"会依次接连产生反应，经过一系列的处理加工，就能准确地确定目标物体的运动速度。这个技能，使得它们成为昆虫界中家喻户晓的捕虫高手。蜻蜓一般体形较大，翅细长而宽阔，网状翅脉极为清晰，翅前缘近翅顶处常有翅痣；一对细而较短的触角；腹部细长，呈扁形或呈圆筒形；脚细而弱，脚上有钩刺，可以在空中飞行时捕捉害虫。

稚虫在水中一般要经11次以上蜕皮，需要2年或2年以上的时间才可沿水草爬出水面，再经最后一次蜕皮才可羽化为成虫。稚虫在水中靠捕食孑孓或其他小型动物为生，有时同类也相互残杀。成虫本事就大了，除了能大量捕食蚊、蝇外，有的还能捕食蝶、蛾等害虫，是人类的好朋友。

蜻蜓喜欢在池塘或河边飞行，幼虫在水中发育。下雨前蜻蜓常常低空往返飞行，雌雄交尾也是在空中进行。多数雌虫在水面飞行时，分多次将卵"点"在水中，也有的将腹部插入浅水中将卵产于水底。

小有名气的红蜻蜓

红蜻蜓是蜻蜓的一种。在现代生活中，红蜻蜓真算是小有名气呢，很多儿歌、经典歌曲、皮具、童装等都是以"红蜻蜓"命名的。

红蜻蜓是常见的蜻蜓之一，主要出现在4～12月份，喜欢在水域附近的草丛边玩耍活动，红蜻蜓腹长约3厘米，后翅长约4厘米。成熟雄蜻蜓体色为鲜亮的朱红色，翅膀透明，整体看起来光艳极了！雌虫则为黄色，分布于中低海拔地区。

蜻蜓的传说

在美国南方，蜻蜓又被称为"蛇医"，因为当地人迷信，相信蜻蜓能让生病的蛇恢复健康。"魔鬼补衣针"一词也用于称呼蜻蜓，说是蜻蜓会缝住一些行为不乖的儿童的眼睛、耳朵、嘴巴。事实上，蜻蜓对人是没有危害的，这些都是迷信的传说罢了。

↓蜻蜓

第 八 章

昆虫世界——我知道

本章对昆虫的历史演变作一个简单的介绍。从遥远古老的无虫时代到现如今如此风华正茂的昆虫时代，它经历了怎样的历史大变革？经历了漫长岁月中几个重大改变？昆虫是怎样在这个地球上生存的，它和人类之间有怎样的渊源？它又有怎样的食用和药用价值？

古老的无虫时代

我们知道，早在四亿年前，昆虫就已经登上了地球这个大舞台。经过时代的演变，众多昆虫们逐渐在这个大舞台上站稳了脚跟，世代繁衍下去。那么在古老的无虫时代，你又了解多少呢？你知道古老的昆虫时代是怎样兴起的吗？让我们一起走进古老的昆虫世界，享受昆虫的点点滴滴！

◀ 古老的无虫时代

在"先寒武时代"，人们并不知道地球上生活着什么样的生物。

进入地质时代后，由于空气、水分的形成，地球上开始逐渐具备了各种生命体得以生存的外在条件，但人类至今还是很少发现五亿七千万年前的生物化石。因此说，从地质时代初到五亿七千万年前的这30余亿年间，人类并不清楚当时地球上存在着什么生物，这段漫长的时期，就被称为"先寒武时代"。

其后，地球开始进入显生代，而

显生代可以根据所发现的化石种类、形状的变化，而又分为古生代、中生代和新生代。

↓古生代化石

庞大的生物家族——昆虫

116

❖ 遥远的古生代

　　所谓古生代，是指地质时代中的五亿七千万年前至两亿四千五百万年前的这段时期。按照时间先后顺序，又可以从古生代里划分出寒武纪、奥陶纪、志留纪、泥盆纪、石炭纪、二叠纪六个时期。

　　在先寒武时代的末期，地球上开始出现了一些身体构造较复杂、不具外壳的生物；而到了寒武纪，生物界开始出现明显的变化，其中一个最显著的特点就是硬壳生物的出现。这个发现可以让我们大胆地推测：在进入寒武纪后，生物群体为了对抗外界的冲击，保护自己的身体不受伤害，它们或许已经开始具备了以几丁质、石灰质形成的外壳。

　　另一个明显的变化就是生物种类的增加。先寒武时代的末期，地球只有一个大都是覆盖着寒冷气候的超大的冈瓦纳陆地。但在古生代初期，冈瓦纳古大陆开始分裂，随着气候变暖，分裂后的各大陆间形成了适合生物栖息的浅海，因此引来了一场生物的"大爆发"。

　　一场寒武纪的"生物大爆发"，使得动物分类学上的各门动物几乎都已经出现了，昆虫所属的节肢动物门也有多种动物再次出现了。这个时期的生物界产生了明显的进化和多样化变异。

知识链接

生物登陆大发现

　　古生代发生的另一件大事是生物的登陆。在奥陶纪时期，动、植物都是在水中生活，但到了末期，一些植物将生活场所扩大到陆地，原先的裸地逐渐被盖上绿色的植物；一些无脊椎动物也开始登陆；泥盆纪末期，由鱼类进化的两栖类，也开始迈向陆地。

　　到了石炭纪，已经有了具有翅膀的昆虫，如翅膀展开可达80厘米的巨型古蜻蜓等，开始在原始森林中四处飞翔。

昆虫的超级进化

　　昆虫种类繁多，它们在大自然界中扮演着多种角色。但是你知道昆虫是怎样进化的吗？昆虫经历了一个什么样的历史演变呢？下面我们就来看一下昆虫的超级进化。

昆虫初步进化

　　昆虫最早是出现在古生代的泥盆纪。在进入中生代之前，昆虫种类开始增多，而且大部分都已具备了现有的体形。因此，进入新生代后，尽管哺乳类等脊椎动物有着明显的进化、演变，但是昆虫的身体结构已经定型，所以不会再发生明显的变化。

　　昆虫家族能够在四亿年的进化过程中得以繁荣昌盛，经历了几个大的阶段。

跨时代的巨大转变

　　昆虫所经历的第一个巨大转变就是获得翅膀。原始昆虫的祖先弹尾目是没有翅膀的，到了石炭纪初期，昆虫界中带有翅膀的蜻蜓、蜉蝣开始出现。虽然当时的翅膀很原始，构造也很简单，但在翼龙、鸟类还未出现的古生代，昆虫可以在没有任何竞争者的空中得以自由自在地飞翔。

　　接下来昆虫所经历的就是第二个阶段，就是"新翅类"的出现。这种新翅类昆虫的翅膀就比原先的高级多了，其构造也复杂了。

　　这一时期出现的代表是蟑螂以及后来出现的蝉、椿象之类，除蜻蜓、蜉蝣以外，所有的有翅昆虫都属于新翅类。

　　昆虫的完善阶段就是其所经历的第三阶段，完全变态类昆虫的出现。这一阶段使得前两阶段的"不完全变态类"转为"完全变态类"。也就是说昆虫的成长蜕变都要经过卵、幼虫、蛹、成虫四个阶段。

　　最早出现的完全变态类昆虫，是草蛉、姬蛉等脉翅目昆虫，之后又出现了甲虫、蝶、蚁、蜂、蝇等昆虫。完全变态类的昆虫，幼虫时期的身体构造适合于取食，到了蛹期又能完全自如地改变身体外观及内部构造，变成适合繁殖活动的身体。如此巧妙的功能上的改变，使得昆虫能更好地适应环境，提高生育能力，更好地繁衍后代，从而建立一个繁荣昌盛的大家族。

这三个阶段使昆虫坚定了生活基础，并在自然界这个大环境中站稳了脚跟。因此，当别的脊椎动物还在中生代及新生代努力发生变化，改造自己的时候，昆虫们早已逍遥自在了。

↓具有保护色的昆虫

昆虫为何如此繁盛

我们都知道，昆虫在动物界的数量很多，是较为繁盛的一个种群。它比人类存在的历史要悠久得多，那么昆虫的世界为何会如此的繁盛呢？它有什么生存的诀窍呢？让我们看一看它繁盛的众多原因吧！

惊人的繁殖力

昆虫们大多都拥有惊人的繁殖能力，大多数的昆虫一次产卵量可达数百粒，其中有的还可多次产卵，一只蜜蜂一生可产卵达百万粒。一只蚜虫，如果其后代全部成活并且能继续繁殖的话，半年后蚜虫总数可达6亿个左右，如此大的数量，不得不让人类为之震惊。因此，强大的生殖潜能是昆虫种群繁盛的最根本原因。

这种超强的繁殖能力使昆虫即使是在环境多变、天敌众多、自然死亡率达到90%以上的情况下，也不用担心家族会灭绝，仍然能保持一定的种群数量。

翅膀能飞带来的好处

作为无脊椎动物中唯一有翅膀、能飞的昆虫，其飞翔能力的获得，给昆虫在觅食、生存、求偶、避敌、扩大分布等方面带来了极大的好处。这也是昆虫种族旺盛的一个重要条件。

身体小也有优势

大部分昆虫的体形较小，这个特点就使得它只需要少量的食物，就能满足其生长与繁殖的营养需求。例如，一片白菜叶就能供上千只蚜虫的生活，一粒米也可供几只米象生存。也正是因为身体小的缘故，食物可以成为昆虫的隐蔽场所，从而获得保湿和避敌的好处。

体形小，也使其在生存空间、灵活度等方面具有更多优势。

取食器官的多样化

昆虫的数量大，种类多，也使得不同类群的昆虫具有不同类型的口器，一方面避免了多只昆虫对食物的竞争，特别是一些昆虫从吃固体食物改吃液体食物，就这样扩大了食物的范围。同时也改善了昆虫与取食对象的关系，使寄主不会因失去部分汁液而死亡，也不会反过来影响昆虫的生存。

有很多昆虫为完全变态，其中大部分种类的幼期与成虫期在环境及食性上差别很大，这样也避免了同种或同类昆虫在空间与食物等方面的需求矛盾。

适应力强的好处

从昆虫分布广、种类多、数量大、延续历史之长等特点就可以知道，昆虫具有很强的环境适应能力，无论是面对饥饿、干旱，还是药剂等方面的危害，昆虫都具有很强的适应力。并且昆虫的生活周期较短，这样比较容易把对种群有益的基因突变保存下来。

在周期性或长期的不良环境条件下，昆虫还可以选择休眠或延迟生育，有些种类可以在土壤中滞育几年、十几年或更长的时间，以保持其种群的延续。

扩展阅读

追溯昆虫悠久的历史，人们在中泥盆纪的岩石内发现了最古老的昆虫化石。也就是说，昆虫在地球上的历史至少已经有三亿五千万年了。而人类的出现，也大概只是在近古代的第三纪，距今不过100万年。所以，在人类出现以前，昆虫和它们所栖息的环境里的一切植物和动物，就已经建立了悠久的关系，这种关系是人类所不能企及的。

↓蝴蝶

【青少年最想知道的百科知识丛书】

◎ 出版策划　　膳书堂文化

◎ 责任编辑　　李露萍

◎ 封面设计　　红十月设计室

◎ 文稿提供　　永佳世图

◎ 图片提供　　全景视觉

　　　　　　　上海微图

　　　　　　　图为媒